엄마보다 큰 세상을
너에게 줄게

엄마보다 큰 세상을 너에게 줄게

초판 1쇄 발행 | 2024년 5월 31일

지은이 | 이수련
펴낸이 | 염종선
책임편집 | 김도연
조판 | 신혜원
펴낸곳 | (주)창비
등록 | 1986년 8월 5일 제85호
주소 | 10881 경기도 파주시 회동길 184
전화 | 031-955-3333
팩스 | 영업 031-955-3399 편집 031-955-3400
홈페이지 | www.changbi.com
전자우편 | ya@changbi.com

ⓒ 이수련 2024
ISBN 978-89-364-3134-1 03590

엄마보다 큰 세상을 너에게 줄게

이수련 지음

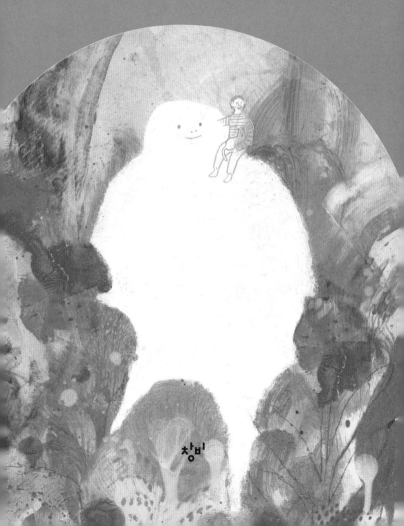

창비

아이를 기다리며

"늦어서 죄송해요." 정해진 상담 시간보다 늦게 도착하는 내담자들은 보통 이렇게 인사합니다. 그런데 어느 날 한 내담자가 "기다리게 해서 죄송해요."라고 말하며 들어왔어요. 그 말을 한 번 더 되뇌어 보았습니다. '기다리게 한 것이 죄송한 일인가?'

'기다리다'의 사전적 뜻은 '어떤 사람이나 때가 오기를 바라다'입니다. 유사어로는 '고대하다'가 있지요. 우리가 흔히 쓰는 "나를 기다려 줘."나 "너를 기다릴게."라는 말에는 분명 그런 바람이나 고대가 담겨 있을 겁니다. 말뜻대로라면 기다리는 건 불편하거나 수고롭

다기보다 만남에 대한 기대로 설레는 일인 거죠.

모든 사람의 삶에는 특별한 기다림이 하나 있는데, 바로 내가 태어나기를 바란 엄마의 기다림입니다. 엄마의 기다림이 특별한 이유는 나를 전혀 모르는 채로 기다렸기 때문입니다. 엄마는 내 얼굴도 성격도 능력도 모르면서 온몸으로 내가 이 세상에 나타나 주기를 기다렸지요.

일상 속 여느 기다림은 이와 다릅니다. 우리는 보통 기다리는 것을 어느 정도 알고 있어요. 어떤 사람이나 물건의 도착을 기다릴 때, 전시회나 영화 관람 혹은 여행을 고대할 때, 이미 우리는 그것을 선택한 후이지요. 말하자면 원하는 조건에 맞는 것들을 기다립니다. 물론 잘 모르는 채로 기다릴 때도 있지요. 모르는 사람을 소개받아 기다릴 수도 있고, 직접 확인하지 않은 물건이 오기를 기다리기도 합니다. 하지만 그런 기다림에는 거절할 가능성이 열려 있습니다.

"아, 제가 기다린 것과 다르네요."

사람이라면 다시 안 만나고, 물건이라면 돌려보낼

수 있지요. 바라던 모습과 다를 때 취소할 수 있다면 기다렸다기보다는 그저 무엇인지 확인하고 싶었다고 할 수 있습니다.

하지만 아이의 탄생을 기다리는 엄마는 이런 선택을 할 수 없어요. 아이를 낳고자 임신하는 순간 엄마는 그 아이를 몸속에 품게 되죠. 이미 시작된 기다림 속에서 어떤 아이를 낳을 것인가에 대한 선택은 가능하지 않습니다.

"나는 너를 몰라. 그저 네가 내 몸 안에서 자라다가 이 세상에 오게 되리라는 사실밖에는. 너는 어떤 아이일까? 너를 보고 싶고 알고 싶어. 네가 내 앞에 나타나 주기를 기다리고 있어."

이제는 청소년이 된 아이의 엄마가 임신 중 육아 일기 맨 첫 장에 썼던 내용입니다. 엄마의 기다림은 이와 같습니다. 기쁨이나 걱정, 설렘을 간직한 채 나를 그저 나라는 이유로 기다려 줍니다.

임신부들이 늘 고요하고 평화로운 시간을 보내는 것은 아닙니다. 달라진 몸이 불편해지고, 때로는 통증 등

건강상의 문제를 겪기도 해요. 몸만 동요되는 것이 아니라 심리적인 갈등도 생길 수 있습니다. 나와 다른 생명체가 내 몸에 자리 잡고 있다는 사실에 생경한 기분이 들기도 하고, 아이에 대해 상상하지 않을 수 없으니 걱정과 불안이 생기기도 하지요. 어떤 아이가 태어나려나? 누구를 닮았을까? 출산이 무사히 이루어질까? 아이가 건강히 잘 자라 줄까? 흔하진 않지만 극심한 불안이 출산 이후까지 지속된다면 자신이 낳은 아이라고 해도 제대로 키우기 어려워지죠. 그런 불안은 몸 안에 다른 생명체가 자라고 있다는 신비, 그리고 아직은 그 생명체에 대해 아는 바가 없다는 데서 옵니다. 모르는 존재와의 공존, 이는 아이가 태어난 후에도 한동안은 마찬가지입니다.

"임신 동안 저는 이따금 이상한 기분이 들었어요. 아이가 몸 안을 누르거나 움직일 때 낯설었어요. 마치 에일리언 같은 존재가 들어 있는 느낌이랄까. 물론 '내 아이야.'라는 생각을 하며 곧바로 정신을 붙들긴 했죠."

출산 이후 한동안 심한 우울증을 겪었다는 한 내담자는 배 속 아이에게 느낀 이질감을 이렇게 이야기했습니다. 사실 모르는 존재를 기다리는 일은 사소한 일이 아닙니다. 엄마로서 자녀에 대해 처음으로 책임을 지는 것이니까요. 자신의 기다림을 책임지는 것이지요.

엄마는 일차적인 의미에서 아이를 낳은 이를 부르는 이름이지만, 그에 앞서 생의 아무것도 정해지지 않은 아이를 기다린 사람입니다. 한 아이를 낳고 싶다는 바람으로 몸 안에 9개월을 품어 세상으로 올 수 있게 해 주었지요. 임신과 출산은 엄마의 기다림의 과정이며 결실입니다.

어떤 아이는 자신을 낳은 엄마와 헤어져 다른 엄마와 살아가게 될 수도 있어요. 과학 기술이 첨예하게 발달하고 사회적·문화적 가치관이 계속 변화하고 있는 오늘날, 임신과 출생은 이전 시대와 달리 다양한 경로를 통해 이루어지고 있기도 합니다. 아이를 낳는 방식도, 아이를 키우는 부모의 구성도 더 이상 특정한 모델만을 따르진 않습니다.

하지만 어떤 경우라도 아이가 이 세상에 태어나 살아가기 시작한다면 잊지 않고 기억해야 하는 사실이 있어요. 그것은 아이를 낳고자 한 엄마의 바람, 그 바람으로 이루어 낸 임신과 출산이 우리에게 준 교훈입니다. 아이는 조건 없는 기다림 속에서 태어난다는 것. 아이의 생명을 보존하고 맞이하는 사람으로서 엄마가 아이에게 주는 첫 번째 의미는 바로 이것이죠.

"이 세상에 그저 너라는 이유로 너를 기다린 사람이 있단다. 네가 오기를, 여기 이곳에서 너로서 기쁘게 살아가기를 기다린 사람이 있어."

한 아이의 존재에 대한 기다림과 환대. 엄마의 역할은 거기서 시작됩니다. 누군가의 엄마가 되었다는 건, 그런 기다림과 환대를 실행했다는 의미입니다.

일러두기
이 책에 등장하는 상담 사례는 실제 사례를 각색한 것이며, 개인 신상
정보와 관련된 사항들은 재구성했음을 밝혀 둡니다.

1장

내 것이 아닌
내 아이

● 아이의 생애 초기, 엄마의 위상과 사랑의 힘은 압도적으로 큽니다. 그 힘으로 아이를 붙잡는 게 아니라 지지해 주려면 엄마의 사랑은 어떤 의미를 품어야 할까요? "너를 사랑해."라는 말은 어떤 메시지로 전달되어야 할까요?

우리는 나를 사랑한다는 사람에게 묻습니다. "나를 왜 사랑하나요?" "내가 왜 좋아?" 사실 원하는 답은 이미 정해져 있지요. 그저 내가 나이기 때문에 사랑한다는 것. 내 모습, 능력, 성격, 소유 등 나를 이루는 많은 요소들이 있지만 그 모든 것을 넘어 우리는 그저 나로서 사랑받기를 원합니다.

무조건적인 사랑. 그렇다고 여겨지는 사랑이 있는데요, 바로 엄마의 사랑입니다. 자녀를 사랑하느냐고 물으면 그렇지 않다고 대답하는 엄마는 거의 없어요. 자녀를 사랑하는 데 다른 이유는 필요 없다고 말하지요.

아홉 살 민정이가 첫날 와서 털어놓은 고민은 자신

이 못생겨서 싫다는 것이었어요. 옆에서 엄마가 항상 예쁘다고 말해 주는데 왜 그런 생각을 하느냐고 물었더니 민정이는 "엄마는 엄마니까 당연히 내가 예쁘지."라고 대꾸했지요. 스스로 못생겼다고 하면서도 엄마 눈에는 예뻐 보여야 한다는 거예요. 엄마는 엄마니까. 엄마의 조건 없는 사랑, 우리는 그것을 이상적인 사랑의 전형으로 내세웁니다.

사랑의 조건

엄마의 사랑에는 정말 조건이 없을까요? 아닙니다. 거기엔 조건이 있어요. 현실에는 아이를 사랑하는 엄마도 있지만 아이를 학대하는 엄마, 아이를 외면하고 돌보지 않는 엄마, 아이보다 타인의 시선이 더 중요한 엄마도 있어요. 아이 때문에 불행하다고 생각하며 미워하는 엄마도 있지요. 아이를 낳거나 기른다고 모두 아이를 사랑하는 엄마가 되지는 않아요. 그렇다면 어떤 엄마가 아이를 사랑하게 될까요? 엄마가 아이를 사랑하게 되는 조건은 바로 이 아이는 내 아이라는 확인입니다. 엄마가 아이를 자신에게 속한 사람으로 여겨야 하는 거죠.

　내가 낳은 자식이 내 아이인 것은 당연한데, "이 아이는 내 아이다."라고 확인해야 한다니 말장난같이 들릴 수도 있겠네요. 여기서 우리는 '소유'에 관해 생각해 보아야 합니다. 누구를 혹은 무엇을 내 것으로 삼는다는 게 어떤 의미인가에 관해서요.

　소유에는 실질적인 소유와 상징적인 소유가 있습니다. 각각 실제로 내가 손에 쥐고 있는 경우와 계약을 통해 소유를 보증하는 경우지요. 알기 쉽게 돈을 예로 들자면, 현금을 직접 들고 있는 것과 은행에 맡기는 것에 비유해 볼 수 있어요. 후자의 경우 돈은 은행에 있고 내겐 계약을 통한 보증과 확인만 주어지죠. 간혹 뉴스에 나오는, 평생 모은 돈을 집 천장이나 장판 밑에 보관하는 사람들은 실질적인 소유만을 진짜 소유라고 여기는 사람들입니다.

이는 사람과의 관계에도 해당됩니다. 실제로 함께할 때만 그 사람이 나와 관계있다고 여기는 것과 옆에 있지 않아도 가족, 연인, 친구, 이웃, 동료 등의 이름으로 내게 연결되고 속한다고 여기는 것의 차이입니다. 가족처럼 연결이 법으로 보장되면 좀 더 확실한 상징 효과가 발휘되지요. 물론 상징적 관계도 실제 교류를 통해 보완되어야 의미 있어지겠지만 사람들은 보통 상징적 관계에 대한 신뢰만으로도 함께하지 않는 시간을 감당합니다.

어린아이의 성장 과정에는 이런 소유에 대한 이해와 확장이 포함되어야 합니다. 물리적인 소유만이 아니라 상징적인 소유 역시 받아들여야만 상실이나 부재를 견딜 수 있고, 빈자리를 다른 것으로 대체할 수 있으니까요. 가령 장난감을 가지고 놀던 아이에게 부모가 그만 놀라고 하면, 아이는 노는 것을 중단하면서 장난감을 놓아야 하죠. 이때 아이가 장난감과 실제 접촉이 끊어져도 여전히 '내 장난감'이라는 관계가 유지된다고 믿어야 자기 것을 뺏긴다고 느끼지 않게 돼요.

엄마가 아이를 '내 아이'라고 여기는 데엔 임신과 출산, 보살핌 등 아이와 물리적으로 함께하는 현실과 더불어 법이 보장하는 가족이라는 상징적 관계의 힘이 작용하지요. 하지만 이것만으로는 충분하지 않아요. 일반적인 의미에서의 물리적 소유와 상징적 소유 이외에 또 다른 소유의 의미가 필요합니다. 바로 "너는 내 존재의 일부야."라는 확인입니다. 내가 가진 것이 곧 내가 된다는 뜻이지요.

소유의 대상이 내 존재를 이루는 경우와 그렇지 않은 경우의 차이는 그것을 잃었을 때 드러나죠. 대상을 잃었을 때 내가 온전하지 않고 내 일부가 사라진 것처럼 느껴진다면 그것이 내 존재를 이루고 있었다는 뜻이지요. 반면 아무렇지 않다면 내 존재와 무관했던 것이고요.

예를 들어 친한 친구가 전학을 가서 못 만나게 되었을 때 아이가 속상해하고 슬퍼한다면 친구가 아이의 일부였다고 할 수 있어요. 친구의 상실이 곧 자기 자신의 상실이 되어 아이에게 빈자리가 생깁니다. 아이가 이후에 다른 친구를 찾는다면 이 빈자리 때문이며, 자신의 일부처럼 소중했던 그 친구는 기억 속에 남습니다. 이렇게 현실에서 상실된 사물이나 사람을 기억으로 간직하는 것 역시 실질적인 소유에서 상징적인 소유로의 변환입니다.

"너는 나의 아이야."라는 인정에 "너는 내 존재의 일부야."라는 의미가 담기면 엄마에게 아이는 자기 자신처럼 귀하고 소중한 존재가 되고, 그런 아이를 잃는 일은 자신의 상실 같은 고통이 됩니다. 심장이 도려내지고 생살이 뜯기는 아픔이라는 표현이 나온 이유겠지요. 내 존재의 일부인 아이. 내 아이라서 귀하고 사랑스럽다는 엄마의 사랑은 여기서 비롯합니다.

그런데 '내 아이'가 '내 존재의 일부'가 되면 또 다른 효과가 생기는데요. 내 존재의 일부라서 소중하고 귀하지만, 그렇기 때문에 나와는 다른 존재임에도 완전히 내 것으로 흡수하여 동화하려고 하게 되죠. 특히 아이의 생애 초기엔 엄마의 사랑이 아이를 마치 한 몸처럼 흡수하려는 경향이 있습니다.

여기서 한 가지 의문이 생깁니다. 과연 아이를 그렇게 흡수하는 것을 사랑이라고 할 수 있을지에 관해서요.

엄마의 기대가 어긋날 때

엄마는 아이가 태어나기 이전부터 어떤 바람과 기대를 품고 있었지요. 내 존재의 일부로서 내게 속하게 될 아이에 대한 기대. 엄마의 그 바람이 먼저이고, 아이의 탄생이 그다음입니다.

엄마는 어떤 바람을 갖고 있었을까요? 사실 아이가 어떤 사람이 되길 원한다고 구체적으로 말하는 엄마들은 그리 많지 않아요. 막연히 좋은 것, 예를 들어 아프지 말고 건강한 아이이기를, 밝게 자라 주기를, 그 아이와의 삶이 행복하기를, 자신이 아이를 충분히 사랑할 수 있기를 바라는 정도지요.

그런데 엄마가 아이에게 어떤 문제가 있다고 여기는 순간, 정말 바랐던 바가 무엇이었는지 드러납니다.

ADHD(주의력 결핍 과잉행동 장애) 진단을 받고 찾아온 초등학생의 어머니와 상담 도중 여러 번 들은 말이 있습니다.

"우리 집에서 이 아이만 이래요. 동생은 안 그런데 왜 그런지 모르겠어요. 이렇게 힘들게 할 줄 생각 못 했죠. 임신했을 때 태교가 중요하다고 해서 태명도 햇살이라고 짓고 정말 기쁜 마음으로 아이를 기다리고 노력했거든요."

한 중학생의 어머니 역시 "내 딸이 이럴 줄은 상상도 못 했어요."라며 한탄했지요. 예상치 못했다거나 식구들과 다르다는 건 상담실 안팎에서 만난 엄마들에게서 종종 듣는 말입니다. 태어난 아이가 낯설게 느껴질 때, 아이가 친구를 사귀거나 학업을 시작하면서 이전과는 다른 모습을 보일 때, 사춘기 청소년이 되어 예상치 못한 방향으로 나아갈 때, 엄마에게 이런 생각이 툭 떠오릅니다. "내 아이가 이럴 줄 몰랐어!"

이런 반응이 나오는 이유는 당연하다고 여겼던 지점이 어긋났기 때문입니다. 우선 일반적인 이미지들을 생각해 볼 수 있는데요. 아이라 하면 우리는 울고 칭얼대는 모습도 모르진 않지만, 보통 사랑스럽고 순진하고 힘이 약한 존재를 떠올리죠. 엄마에 대해서도 아이를 보살피는 따뜻하고 너그러운 사람, 아이가 믿고 의지하며 가장 사랑하는 존재를 그리곤 해요. 아이에게 실망하거나 냉정하게 구는 엄마, 아이를 존중하지 않는 엄마부터 먼저 상상하기는 어렵지요. 소위 평균적이고 정상적이라고 여겨지는 것들이 있잖아요. 특별히 바라는 것이 없다고 하는 사람들 대다수는 사실 평범함, 즉 정상적인 범주와 평균 수준을 원하지요. 예외적인 상황을 바라거나 기대하는 경우는 거의 없어요.

한편 유전이나 내력처럼 가족 관계로부터 생기는 바람과 기대는 가족은 닮는다거나 가족이니까 서로 통한다는 식의 통념에 기반하고 있지요. 혹은 육아 이론이나 심리학 이론을 통해 알게 된 지식을 빌려 저마다어떤 결론을 내리기도 해요. 이를테면 부모가 이해하고 공감해 줄 때, 그리고 좋은 환경을 제공할 때 아이가 문제없이 잘 자라리라는 믿음 같은 것이지요. 이렇게 당연하다고 여겨지는 기존 사회의 개념들이 아이를 만나기 전 엄마의 바람과 기대를 구성합니다.

아이에게 독특하고 특이한 점이 있을 때 그것을 있는 그대로 받아들이고 만족하기는 쉬운 일이 아닙니다. 특이하다고 여길 때 이미 판단이 개입되지요. 가령 아이가 우수한 쪽으로 특이하다면 자랑이 되겠지만 열등한 쪽으로 특이하다면 결점처럼 보이는 거죠.

모성애의 시작이라고 할 "너는 내 아이이고 내 존재의 일부야."라는 엄마의 선언은 이렇게 아이에 대한 의문이나 한탄, 수치심을 유발하는 빌미가 되기도 합니다. 아이가 나와 다르다는 점이 낯설게 느껴지고 인정할 수 없는 것이죠. 이는 아이러니하게도 아이가 엄마를 만나는 방식, 아이가 엄마에게 바라는 바로 인해 더욱 강화됩니다.

아이가 엄마에게 매달리는 이유

아이가 엄마와 관계 맺는 방식과 엄마가 아이와 관계 맺는 방식은 서로 같지 않습니다. 생각해 보면 금방 알 수 있는 사실이기도 한데요, 자녀와 엄마가 서로에게 원하는 것을 비교해 보지요.

학교에서 다른 아이들을 괴롭히고 수업을 방해한다는 이유로 상담을 권유받아 온 중학생 현아는 상담 첫날부터 엄마의 강압적인 태도에 강한 불만을 토로했어요.

"엄마는 나를 이해한다고 하지만, 내가 힘들다고 하면 다들 힘드니까 참으라고만 해요. 내 편을 들어 주질 않아요. 그리고 계속 사촌이나 엄마 친구 아들딸들 이야기를 해요. 그게 비교잖아요. 정말 싫어요. 이해 안 해 줘도 되니까 저한테 상관하지 않았으면 좋겠어요."

그러면서 간혹 엄마의 성격이나 행동도 비판했지요. 하지만 결국 결론은 엄마가 자신을 믿고 사랑해 주었으면 좋겠다는 바람이었습니다.

초등학생 혜인이도 가족 중 엄마와의 관계를 가장 많이 이야기했습니다. 엄마가 평소엔 다정하게 잘 챙겨 주지만 종종 갑자기 소리를 지르면서 혼내거나 차갑게 노려볼 때가 있는데 그때그때 이유가 다르니 아무리 조심해도 피할 수 없다고 했어요. 그런데 혜인이는 엄마의 태도가 언제 변할지 몰라서 불안하고 화가 나기도 하지만 그게 다는 아니라고 했죠. 자기는 엄마의 눈빛을 원하는 것 같다고 했어요. 차갑지 않고 따뜻한 눈빛, 한결같은 사랑의 눈빛을 기다렸던 겁니다.

현아와 혜인이는 엄마의 사랑이 충분하지 않다고 느끼면서 절망하고 화도 냈는데요. 문제는 힘들고 어려운 일이 생길 때마다 엄마를 탓하게 된다는 것입니다.

"난 엄마의 사랑을 충분히 못 받아서 자존감이 낮으니 계속 망할 수밖에 없는 것 같아요."

"엄마도 못 믿어 주는데 누가 나를 믿어 주겠어요."

이렇게 아이가 엄마의 사랑에 집착하는 이유가 무엇일까요? 아이가 엄마와 만나는 특별한 방식 때문입니다. 아이가 엄마를 만나는 방식은 일반적인 만남과는 다릅니다. 그리고 무엇보다, 엄마가 아이를 만나는 방식과 다르지요.

갓난아기가 엄마와 맨 처음 접촉하는 젖(혹은 분유) 먹는 상황을 떠올려 보지요. 아이는 아직 엄마를 알아보지 못해요. 엄마를 비롯해 세상의 요소들을 구분하기까지는 시간이 좀 더 필요합니다. 아이는 우선 엄마의 젖(젖병)을 경험할 뿐인데, 엄마의 젖은 허기를 채워 주는 동시에 입 부위의 자극을 만들어 내지요. 다시 말해 아이는 한편으로 양분 섭취라는 생리적 만족을, 다른 한편으로 빨기를 통한 감각의 만족을 얻습니다. 이는 구체적으로 실현된 만족인데요, 이후 아이는 만족을 상상하며 갈망합니다. 엄마가 이를 알아차리고 다시 만족을 주는 일을 반복한다면, 아이는 차차 그 만족이 엄마라는 이름으로 불릴 어떤 존재와 연결되어 있다는 사실을 알게 됩니다.

이것이 무엇을 의미할까요? 엄마는 아이에게 단번에 만족을 주는 사람으로 등장한다는 뜻입니다. 아이가 엄마에게 만족을 요구하고 그에 응답해 주기를 기대하는 건 이런 방식으로 엄마를 만나기 때문입니다.

이런 아이의 기대에 엄마가 항상 부응하진 않습니다. 엄마는 아이의 요구를 들어주기도 하지만 들어주지 않기도 하지요. 엄마가 요구를 들어주지 않을 때 아이는 만족을 얻지 못하기도 하지만 그와 더불어 자신이 거절당했다고 느낄 수도 있습니다. 이중적인 고통을 겪는 것이지요. 이런 경우 아이가 점점 더 응답을 얻으려고 매달릴 수 있습니다. 엄마에게 거절당하지 않는 존재임을 증명하고자 하는 것이지요. 이는 아이가 엄마를 벗어날 수 없는 이유가 됩니다.

아직 어떤 능력이나 삶의 경험이 전무한 아이는 "너는 내 아이야."라며 엄마가 정해 주는 자리와 사랑으로 존재 가치를 보증받습니다. 아이를 자신의 일부로 받아들여 소중히 여기는 엄마의 보살핌이 없다면 아이는 제대로 삶을 시작하기 어렵겠지요.

그런데 "너는 내 아이야."라는 엄마의 확인에 호응하는 아이의 말은 "엄마는 내 엄마야."가 아니라 "나는 엄마의 아이야."입니다. 생애 초기 아이는 엄마가 아이를 소유하는 것처럼 엄마를 소유하지 않는다는 뜻이지요. 이때 아이는 엄마에게 속한 존재이고, 그 자리를 지키기 위해 계속 사랑받길 원해요. 이대로 성장한다면 아이는 엄마의 세상에 동화되고 흡수되어 엄마의 분신, 엄마의 마리오네트가 될 위험이 있지요.

우리는 모두 다른 사람과 같지 않은 고유한 존재입니다. 아이는 아무것도 아닌 존재로 태어나 엄마가 제공하는 토대와 양분으로 삶을 시작하지만, 점차 엄마와 다른 한 사람으로 자랍니다. 그것이 생명의 신비이자 기적이지요. 이를 위해서는 아이가 성장하면서 엄마의 "너는 나의 아이야."라는 보증으로부터 분리되어 다른 보증들로 자신의 존재를 지켜 내야 해요. 만약 엄마라는 첫 보증에 고착되어 분리되지 않는다면 아이는 삶을 독자적으로 발전시켜 나가기 어려워지겠죠.

아이가 엄마에 대한 의존에서 벗어나 독립적인 개인이 되기 위해서는 아이와 엄마 모두 두 가지 사실을 받아들여야 합니다. 하나는 이제 아이가 엄마(혹은 엄마의 대체자)가 가진 것으로 만족을 채워서는 안 되고 다른 대상을 찾아야 한다는 점입니다. 그래야 아이가 더 이상 엄마에게 요구하고 응답을 얻는 일에 매달리지 않을 수 있으니까요. 다른 하나는 엄마가 주지 않아도 아이를 거절하거나 사랑하지 않는 게 아니며, 이를 증명하기 위해 엄마는 아이에게 다른 형태의 사랑을 제공해야 한다는 점이지요. 이로써 아이가 '엄마의 아이'로 남지 않고 사회적인 의미와 가치를 배워서 사회 구성원이라는 지위를 획득할 수 있음을 기억해야 합니다.

내 아이를 받아들이기

엄마에게 '내 아이'는 어떤 아이를 지칭할까요? 실제로 엄마 앞에 있는 그 아이가 내 아이일까요? 아니면 엄마가 바라고 기대했던 아이가 내 아이일까요?

아이가 태어나기 전, 우리는 아이에 관해 막연히 좋은 것들을 상상하며 기다립니다. 그 또한 내 아이라서 그렇지요. 과거에는 아이를 낳을 수 없을 때 신적 존재에게 간절히 소원을 빌었어요. "내 아이를 낳게 해 주세요." 과학 기술이 첨예하게 발달한 현대엔 기술에 값을 지불하며 아이를 낳으려고 노력해요. 하지만 막상 아이가 태어나 함께 살아가게 되면 종종 '내 아이가 아닌 다른 아이'처럼 느껴질 때가 있습니다. 기대하고 상상한 모습과 달라 실망하기도 하고 '내 아이답게' 만들기 위해 노력하기도 합니다.

실제로 태어난 아이와 엄마가 상상하며 기다렸던 아이 사이에는 늘 간극이 있지요. 간극이 있어야만 한다는 표현이 더 맞을 수도 있겠네요. 가능성은 적지만 만약 엄마가 상상했던 그대로의 아이로 자란다면 그건 엄마가 그렇게 만들었다는 뜻이겠지요. 엄마가 아이를 진짜 '내 아이'로 소유한 것입니다.

아이는 엄마로부터 만족을 얻지만 엄마는 아이에게서 만족을 얻기 어려워요. 아이에 대한 바람이 먼저 정해져 있기 때문에, 오히려 아이에게 자신의 기대에 맞추라고 요구할 확률이 크지요. 이런 경우라면 엄마의 '내 아이'가 태어난 그 아이라고 할 수 있을까요?

내가 바라는 아이를 지키고 실제 태어난 아이를 바꾸려고 하거나, 아니면 내가 바라는 아이를 포기하고 실제 태어난 아이를 받아들이거나, 우리는 어떤 길을 택해야 할까요? 아이를 낳은 엄마 역시 어떤 의미에서 아이를 입양하는 과정을 거쳐야 합니다. 내가 바라고 상상했던 아이와 다를지라도 내가 낳은 아이를 '내 아이'로 받아들이는 거죠.

결국 "너는 내 아이야."라는 엄마의 확인, "너는 내 존재의 일부야."라는 엄마의 사랑은 자신의 상상을 이루려는 나르시시즘적인 것에서 벗어나 아이로부터 영향을 받는, 아이를 있는 그대로 인정하는 것이 되어야 합니다.

"너니까 내 아이야."

"너니까 내 존재의 일부야."

"너라서, 그저 너라서 사랑해."

2장

아이를
사회와 연결해 주는
엄마

● 　아이가 엄마로부터 사회로 세계를 넓혀 가기 위해서는 엄마가 주는 즉각적인 만족을 포기하고 세상과 공유할 수 있는 일반적인 대상을 스스로 찾아야 하지요. 이는 아이가 다른 사람과 함께 살면서 다양한 규칙을 배우고, 필요한 것을 직접 선택하는 경험을 통해 이루어 낼 수 있는 변화입니다.

"엄마!" 아이들은 힘찬 목소리로 엄마를 찾습니다. 그중 태반은 무언가를 달라는 소리지요. 엄마는 말합니다. "너는 꼭 뭐가 필요할 때만 엄마를 찾지?" 맞는 말입니다. 아이들은 필요한 게 있으면 당연하다는 듯이 엄마를 찾지요.

이렇게 엄마를 부르는 아이는 필요한 것이 엄마한테 있고, 요청하면 얻을 수 있다고 생각해요. 아이에게 엄마는 '가진 자'이자 '주는 자'입니다. 가진 자나 주는 자, 둘 중 하나가 되기도 쉽지 않은데 엄마는 이 두 가지를 다 할 수 있다고 여겨집니다.

엄마가 주는 좋은 것들

◇◇◇◇◇◇◇◇◇◇◇◇◇◇◇◇◇◇◇◇◇◇◇◇◇◇◇◇◇◇

가진 것을 주는 엄마라는 말에 수유를 떠올릴 수 있 겠습니다. 인간의 수유에는 동물의 어미가 새끼에게 젖을 줄 때와 다른 점이 있습니다. 엄마가 젖을 주면서 젖만 주지는 않는다는 것이죠. 그렇다면 엄마는 아이 에게 무엇을 줄까요?

첫 번째는 물론 엄마의 젖이지요. 이때 젖의 의미는 동물의 경우와 마찬가지로 아이의 몸을 살리는 양분 입니다. 양분을 주는 것이 엄마가 아이에게 젖을 물리 는 주된 목적입니다.

둘째, 의도한 바는 아니지만 엄마는 아이에게 젖을 주면서 특정 기관과 관련된 만족을 줍니다. 다시 말해 아이가 엄마의 젖가슴을 빨면서 입 부위에 만족을 얻 게 되는 것이지요. 젖을 먹는 건 동물의 본능에 해당하 지만, 양분 섭취와 무관하게 빠는 것에서 만족을 얻고 이를 기억하여 다시 찾고자 하는 건 사람에게 나타나는 독특한 현상입니다. 프로이트는 아이가 이렇게 입의 만족에 탐닉하는 시기가 있다고 보고, 그 만족을 좇는 경향을 '구강 충동'이라고 불렀습니다. 어린아이가 젖이 나오지 않는 공갈 젖꼭지나 주변 물건들을 입으로 가져가 빠는 것은 이와 관련 있지요. 또한 아이가 성장하면서 훈육에 의해 구강 충동이 조절된 후에도 입은 여전히 그 흔적이 남은 성감대가 됩니다.

이런 충동의 만족은 우리가 흔히 말하는 즐거움이나 기쁨과도 구분됩니다. 즐거움이나 기쁨은 내가 느끼는 '나'의 만족입니다. 입의 만족과 나의 만족은 어떻게 다를까요? 입의 만족이 몸의 특정 기관에서 일어나는 자극과 흥분이라면 나의 만족은 내가 생각하고 의미를 만드는 과정과 연결된다는 점이 다릅니다. 충동은 만족만을 추구하기 때문에 나 자신이나 대상을 고려하지 않습니다. 예를 들어 이유기를 거친 아이라고 하더라도 구강 충동이 제대로 제어되지 않는다면 젖대신 손가락을 빨 수 있습니다. 심한 경우에는 손가락이 짓무르고 피가 나도 아랑곳하지 않고 빨기를 멈추지 못하기도 합니다. 내 몸의 일부인 손가락보다 빠는 것으로 얻는 만족이 더 중요한 것이죠. 충동의 주인은 내가 아니라 몸의 특정 기관입니다. 여기선 입이겠지요. 반면 즐거움이나 기쁨의 주인은 나이기 때문에 내게 어떤 의미가 생기고, 나 자신과 대상이 소중히 다루어져야 일어나는 감정입니다.

셋째, 수유는 고유한 존재의 의미를 전합니다. 엄마가 아이에게 젖을 준다고 하면 마치 모든 엄마가 똑같은 일을 하는 것 같지만 엄마들은 저마다 다른 모습으로 아이에게 젖을 줍니다. 어떤 엄마는 노래를 부르기도 하고, 어떤 엄마는 담요로 아이의 몸을 감싸기도 하고, 어떤 엄마는 아이에게 바람을 살살 불어 주기도 하지요. 엄마가 하는 이런 행동들로 아이의 다양한 감각이 살아나면서 표현됩니다. 엄마와 아이의 몸 사이에 이런 상호 작용이 오가면 아이가 엄마의 젖을 먹는 것이 욕구나 충동을 채우는 운동에 그치지 않고 자기 존재를 확인하는 경험이 되지요.

엄마가 젖을 주면서 하는 행동 중에서 가장 중요한

것이 있습니다. 아이를 품에 안고 따뜻한 눈빛으로 바라보며 말하는 것! 젖을 먹는 아이를 확인해 주는 엄마의 품과 눈빛은 아이의 존재에 의미를 부여합니다. 만약 엄마가 아이를 보면서 기쁨을 느낀다면 엄마는 그 기쁨을 눈빛으로 아이와 나눌 겁니다. 함께하는 그 순간을 '말소리'에 새겨 넣으면서 말입니다.

"연우야, 맘마, 맘마!"

아이는 아직 언어를 이해하지도 사용하지도 못하지만 엄마의 말소리 안에 그 순간의 체험을 담아 기억합니다. 생애 초기 아직 말을 할 줄 모르는 아이는 엄마가 들려주는 말소리를 듣고 따라 하며 감각과 감정을 만들어 갑니다. 이를테면 옹알이 같은 것입니다. 이때의 말은 의사소통의 도구가 아니라 그 순간을 몸에 각인하며 존재를 지탱하는 특별한 소리입니다.

엄마가 주는 것에 고착되지 않기를

엄마는 아이를 살려 내면서 동시에 아이에게 살고자 하는 마음을 만들어 줍니다. 인간이 삶을 영위하려면 생명 유지의 조건을 충족하는 것만으로는 부족합니다. 우리에겐 살기를 원하는 마음이 있어야 합니다. 살기를 원하지 않는다면 아무리 풍족한 조건도 우리를 삶과 연결시키지 못하겠지요.

아이는 몸의 만족을 경험하고 엄마에게 존재의 의미를 부여받으면서 삶을 살 만한 것으로 받아들이게 됩니다. 하지만 이는 조만간 엄마가 아닌 다른 기반으로 옮겨 가야 합니다. 만약 엄마가 주는 것으로 몸의 만족을 유지하는 데 고착된다면 아이는 다른 대상이나 관계를 향해 나아가지 못하겠지요. 엄마가 주는 존재감과 의미 역시 긍정적이건 부정적이건 아이를 거기에 고정시켜 버린다면 아이를 위한 것이 될 수 없습니다.

우리는 앞서 아이를 안고 따뜻하게 바라보며 말하는 엄마를 떠올렸지만 그와 전혀 다른 방식으로 아이를 대하는 엄마들도 있습니다. 예를 들어 어떤 엄마는 아이의 반응이나 행동을 탐탁지 않아 하면서 냉담한 말을 던지기도 합니다. 물론 사정이 있거나 상황이 여의치 않을 때 간혹 그럴 수 있습니다. 하지만 그런 일이 자주 반복되거나 상시적인 것이 되면 아이는 자기 존재의 의미를 만들지 못하고 단지 양분을 취하거나 충동의 만족을 좇는 수준에 머물게 될 수 있습니다. 혹은 그보다 더 심하게 양분이나 만족조차 취하지 못하는 경우도 생길 수 있지요.

초등학교 6학년인 연희는 식사를 제대로 하지 않아 몸이 매우 마른 상태였습니다. 연희 엄마는 식사를 열심히 챙기는데 연희가 제대로 먹지 않아 속이 상한다고 했습니다.

"연희가 제대로 하는 일이 하나도 없는데 밥이라도 잘 먹어야 하는 거 아닌가요? 다른 어려운 걸 하라는 것도 아니고 밥이나 잘 먹으라는 건데 왜 그것도 못 하는지 모르겠어요."

이런 엄마의 말에 연희는 자기가 노력을 해도 변변

치 않다고 무시하는 엄마가 밥은 잘 챙겨 주려고 하는
게 더 받아들이기 힘들다고 했습니다. 연희 엄마는 아
이의 존재를 확인하고 인정하기보다 밥을 챙겨 주는
보살핌에 더 집중했습니다. 연희에게 걸었던 기대가
실망으로 이어지면서 헛된 희망을 접었고, 연희에게
부담을 주기보다는 건강이라도 챙기는 게 더 옳은 일
이라고 생각해서 그랬다고 했지요.

　연희 엄마는 문자 그대로 아이에게 젖을 주는 엄마
입니다. 물론 이제는 진짜 젖을 주는 것은 아니지만 엄
마가 자신이 가진 것을 주면서 아이를 보살피는 역할
을 한다는 점에서 그렇지요.

　하지만 연희 엄마와 연희는 두 지점에서 어긋났습니
다. 우선 엄마는 연희의 존재 가치를 인정해 주지 않았
어요. 제대로 하는 일이 없으니 밥이나 먹으라는 엄마
의 말은 부담을 줄이고 건강을 챙기라는 뜻으로 전달
되기보다는 자신을 무가치하게 보는 사람에게서 밥을
얻어먹어야 하는 존재의 굴욕을 불러일으켰습니다. 엄
마가 차린 밥을 제대로 먹지 못한다는 사실은 연희가

느끼는 바가 무엇이었을지를 암시해 주지요.

또 한 가지 문제는 곧 중학생이 될 연희의 존재 의미를 여전히 엄마가 쥐고 있다는 점입니다. 생애 초기 아이는 엄마에게 의지할 수밖에 없지만, 성장하면서 그런 의존에서 점점 벗어나야 합니다. 자기 존재의 의미를 다른 사람에게서 찾는다면 그 사람에게 사랑받는 것을 삶의 조건으로 삼을 수밖에 없겠지요. 사랑받기 위해 내가 원하는 것에 집중하지 못하고 타인이 바라는 것을 따르며 살아가야 한다면, 생명은 유지해도 자기 삶을 새롭게 일구어 내기는 어렵습니다.

사회와의 연결, 아이의 또 다른 시작

그렇다면 아이는 존재의 의미 기반을 엄마가 아닌 어디로 옮겨 가야 할까요? 모두가 알고 있듯이 그것은 사회적인 관계, 사회적인 삶입니다.

과거 같은 전통 사회였다면 이 임무는 아버지에게

맡겨졌을 겁니다. 여자에게 허락된 인간관계는 가족 관계가 거의 유일했기 때문에 엄마는 사회적인 관계를 대변하거나 전수하기 어려웠습니다. 사회적인 삶의 모델을 제공하며 가문의 규율과 가치에 따라 생활 양식과 의미를 전수하는 건 아버지였지요. 이때의 아버지는 사회 체계의 법과 규율을 대행하는 역할을 맡을 수 있었어요.

하지만 지금은 전통 사회의 기준과 가치가 더 이상 작동하지 않고 가족 단위가 부모와 자식으로 이루어진 핵가족이기 때문에 가문의 힘에 기댄 아버지의 권위 역시 사라졌습니다. 현대의 아버지들은 과거 아버지들에게 주어졌던 위상을 가질 수 없게 되었지요. 우리 사회에서 '아버지 역할'을 마주한 아버지들이 겪는 혼란은 이런 현실을 고스란히 보여 줍니다. 우리 주변의 아버지들은 시대의 변화에 따른 권위의 하락을 모른 채 과거의 전통을 이어가려고 하거나, 혹은 시대의 변화에 맞춰 권위를 버리고 친구 같은 아빠가 되고자 합니다. 때로는 아예 아무 역할도 맡지 않으면서 경제적인 책임만 이행하기도 하지요. 어느 쪽도 아이들에게 삶의 모델을 제공하면서 사회적인 관계로 이끌어 주는 아버지 역할이 수행되긴 어렵습니다. 강압적인 분위기를 만들어 자녀와의 관계가 단절되거나 아이들의 요구에 끌려다니면서 버거워하는 아버지들이 흔하지요.

그렇다면 아이를 사회적인 관계로 이끄는 역할은 어떻게 이루어져야 할까요? 이는 엄마와 아빠 모두 진지하게 고민해 보아야 할 문제입니다.

여자의 사회적인 지위와 조건이 개선되면서 과거의 관점대로라면 엄마들 역시 아이에게 사회적인 모델을 제공할 수 있는 여건을 갖추었습니다. 하지만 그런 사회적인 위상이 아이에 대한 영향력을 보장해 주지 않는 것은 마찬가지이지요.

부모가 자신의 권위를 어디에서 찾을 수 있을지 질문이 끊이지 않습니다. 사회적인 위상인가, 가정의 화목 혹은 개인의 인격이나 자질인가. 부모들은 엄마가 전업주부일 때와 직업을 가졌을 때의 차이나, 아빠가 아이들과 소통하며 시간을 보낼 때와 아닐 때의 차이를 알고 싶어 합니다. 하지만 문제의 핵심은 그런 것에 있지 않습니다.

현대는 가족과 부모의 여건이나 위상만 달라진 것이 아니라 사회 자체가 근본적으로 달라졌습니다. 과거 사회가 가부장제의 모델을 전수하며 유지될 수 있었던 것은 그런 모델을 지탱하는 강력한 상징적 가치와 원칙이 일종의 진리처럼 존재했고 사람들이 그것을 따랐기 때문입니다. 그런 가치와 원칙 아래서라면 각자의 삶의 틀 역시 견고하게 지켜진다고 믿었으니까요.

하지만 현대 사회는 어떤 가치와 원칙도 진리로 자리 잡을 수 없게 되었습니다. 시시각각 변하는 유동적인 삶이 우리 사회의 현주소이고 사람들은 자신의 삶을 보호하는 사회적 틀 자체를 믿지 못합니다. 불신과 위기감이 현대 사회의 토대라고 할 수 있을 정도이죠.

그렇다면 아이가 자신의 삶의 기반을 사회로 옮긴다는 것을 이전과 같은 맥락으로 이해할 수 없게 됩니다.

이는 부모들이 앞장서서 증언하고 있는 바이기도 한데요. 아이들이 사회로 나가는 것을 불안한 마음으로 경계하며 수많은 준비와 점검 과정을 통해 지연시키고 있으니까요. 이런 사회의 상황과 부모의 입장이 맞물려 아이들이 성장하는 과정이 점점 복잡해집니다. 부모는 끝없는 보호자 역할에 지치고 분개하지만, 동시에 아이들이 사회생활을 하면서 빠질 수 있는 불행한 상황을 상상하며 걱정합니다. 결국 아이들이 자신의 삶을 도전할 용기도 내지 못하는 경우들이 생기지요.

이런 딜레마에서 벗어나기 위해서는 아이의 사회화를 이전과는 다른 관점으로 이해해야 합니다. 우선 엄마와 아빠는 아이에게 이상적인 모델이나 안전하고 안정된 사회적 토대를 제공하기 어렵다는 사실을 인정해야 합니다. 이는 아이의 사회화가 부모 자녀 관계에 기초할 수 없다는 뜻입니다. 다정하고 친절한 사랑에 기대든 엄격하고 일관된 위엄에 의지하든, 부모가 제시하고 자녀가 이를 따르면서 이루어지던 성장은 이제 기대하기 어렵습니다. 부모와 아이의 친밀도,

부모의 관용이나 아이의 순종만을 목표한다면 아이의 사회화를 제대로 이룰 수 없겠지요.

아이가 사회에서 다양한 관계를 맺고 역할도 맡을 수 있으려면 무엇보다 자기 자신과 사회가 연결되어 있다고 믿을 수 있어야 합니다. '나'와 사회가 어떻게 연결되어 있다는 것일까요? 나는 완전하지 않기 때문에 부족한 부분을 다른 것으로 채워야 하는데요. 그것이 어떤 대상이나 활동이든 지식이든 사람이든 나를 보완하는 것을 집이 아닌 사회에서 찾을 수 있다면 나와 사회가 서로 연결될 수 있겠지요.

엄마와 아빠는 아이를 사회로 이끌면서 바로 이 믿음을 만들어 주어야 합니다. 이는 특정한 모델을 따라 삶을 정비하는 방식과는 다릅니다. 이제는 어떤 모델도 한 사람의 고유한 삶을 품위 있게 보장해 주는 견고한 울타리가 되지 못하기 때문에 방식이 바뀌어야 해요. 아이가 가족을 떠나 혼자서도 불안하지 않게 삶을 영위하려면 사회에서 자기 삶을 일구어 낼 요소들을 찾아낼 수 있다는 가능성을 붙들고 출발해야 하지요.

따라서 현대 사회의 엄마와 아빠는 아이의 사회화 과정이 근본적으로 변화했다는 사실을 이해하고 이전과는 다른 입장에서 아이가 사회적인 관계 속에 자리 잡도록 적극적으로 노력해야 합니다.

만족을 포기하면 열리는 새로운 문

아이는 어떻게 사회적인 장으로 삶의 기반을 옮길 수 있을까요? 우리는 흔히 아이의 사회적인 삶이 훈육에서 시작된다고 생각하지만, 그보다 먼저 아이가 훈육을 받아들일 수 있는 조건이 필요합니다. 훈육이 통하는 아이들도 있지만 전혀 통하지 않는 아이들도 있습니다. 또 겉으로는 통한 것처럼 보여도 혼나지 않으려고, 원하는 것을 얻기 위해 그때그때 시늉만 하는 아이들도 있지요.

훈육을 받아들일 수 있는 조건은 무엇일까요? 아이가 지금까지 자신이 즐기던 방식을 포기해야 합니다.

앞서 충동이 입과 같이 몸의 어느 한 부분과 관련된 것이라면, 즐거움은 '생각하는 나'가 활동을 통해 만들어 낸 효과라고 했습니다. 우리가 조절 없이 몸의 한 부분이 가져오는 쉽고 빠른 만족에 몰두한다면 의미나 가치를 추구하는 활동이나 타인과의 관계에서 얻는 즐거움에는 흥미가 생기지 않을 것입니다. 상실된 부분이 있어야 다른 것을 필요로 하게 되겠지요. 이것이 유아기에 포기를 경험해야 하는 까닭입니다.

그렇다면 충동의 만족은 어떻게 포기할 수 있을까요? 이는 만족을 주는 대상을 떼어 냄으로써 가능해집니다. 예를 들어 구강 충동의 만족은 엄마 젖을 끊고(이유離乳) 그것을 대체한 공갈 젖꼭지마저도 뺏겨야 포기될 수 있습니다. 그러려면 아이가 양분을 섭취하는 양식이 빨기에서 씹기로, 대상이 엄마의 젖이 아니라 시간과 노력을 들여야 얻을 수 있는 음식으로 바뀌어야 하지요. 엄마에게 요구하면 곧바로 충족되는 패턴이 더 이상 가능하지 않아야 합니다.

엄마가 이제 아이에게 아무것도 주지 않아야 한다

는 뜻일까요? 아닙니다. 다만 엄마가 주는 것이 엄마 개인의 것이 아니라 사회에 속한 다른 것으로 대체 가능해야 한다는 뜻입니다.

생애 초기 아이는 엄마가 가진 것을 마음대로 준다고 여길 수 있지만, 성장하면서 엄마 역시 사회 문화적인 영향을 받으며 필요한 것을 제공하는 사람임을 알아야 합니다.

아이에게 제공된 것에는 사회 문화적인 의미와 가치, 그리고 규칙이나 제약이 들어 있습니다. 옷 입는 법, 밥 먹는 법, 몸을 씻는 법, 의자에 앉는 법과 같이 흔히 사용법이라고 말하는 것들을 따르면서 문화와 전통, 예의를 배웁니다. 아이는 엄마가 주는 것을 받으면서 그 안에 들어 있는 규칙을 함께 받아들여야 합니다. 그것은 인류 모두에게 해당하는 보편적인 것에서부터 민족이나 국가, 지역, 동네, 집안, 가족에 속한 것까지 다양하지요. 엄마가 사회에 속해 그 규범 안에서 살아가는 사람이라면 아이에게 주는 것은 기본적으로 엄마의 것이기 이전에 사회 문화적인 것이겠지요.

아이는 성장하며 이 둘의 차이를 깨달아야 합니다. 처음에 아이는 엄마가 엄마의 것을 마음대로 준다고 여기면서 엄마와 관계를 맺고 필요한 것을 엄마에게 요구하게 됩니다. 이후 아이는 그것이 사실은 엄마의 것이 아니고 사회의 것임을 알아야 합니다. 그래야 아이가 사회와 관계 맺고 필요한 것을 사회에서 구할 수 있지요.

엄마는 이 변화를 어떻게 끌어낼 수 있을까요? 아이에게 그것을 인지적으로 알려 주면 되는 것일까요? 아이가 단지 이해하는 것에 그치지 않고 삶의 태도를 바꿔야 하기 때문에 그것만으로는 부족합니다. 무엇이 더 필요할까요? 사실 어려운 일은 아니고 이미 대부분 자연스럽게 실행되고 있습니다.

우선은 아이가 엄마와 둘만의 상호 작용에서 벗어나 다른 사람들과 더불어 살아가야 합니다. 사람들과 더불어 살아가는 데에는 여러 의미와 방법이 있지요. 아이가 그 첫발을 내딛는 건 엄마에게서 받은 것들이 다른 사람들에게도 있다는 사실을 알게 되면서입니다.

사회의 이곳저곳, 이 사람 저 사람을 통해서 말이에요.

아이는 집에서 나와 어린이집도 가고 친구네와 친척 집도 가고 동네도 돌아다니면서 다른 사람들이 자기와 같거나 비슷한 것을 가지고 있으며 자기와 거의 똑같이 사용하는 모습을 확인합니다. 아이는 그런 접촉을 통해 사용법을 좀 더 쉽게 익히고 받아들이게 되지요. 이는 소위 훈육이 강압 없이 이루어지는 경로이기도 합니다.

스스로 선택하는 경험이 중요한 이유

경험했던 만족을 다시 얻기만을 갈망하고 그것을 사회 문화적인 방식으로 대체할 수 있다는 사실을 받아들이지 않는다면, 아이는 사회에서 자기가 필요로 하는 것을 찾지 못하게 됩니다. 이를 돌파하기 위한 첫 번째 방법으로 앞서 다른 사람들과 더불어 살아가기를 꼽았습니다.

두 번째 방법은 선택과 결정을 아이 스스로 해 보는 것입니다. 엄마가 결정해서 주던 것을 아이 스스로 선택해 보는 경험 역시 대개 때가 되면 부모가 아이에게 제안합니다. 직접 선택해 보는 경험을 통해 아이는 자신이 필요한 것이 단지 몸의 만족을 위해서가 아니라 사회 문화적인 의미와 제약 안에서 선택하고 결정해야 한다는 사실을 실감하게 되지요.

아이가 처음 선택을 시도할 땐 놀이처럼 접근해서 결과를 책임져야 한다는 압박을 두지 않아야 합니다. 어차피 강조하지 않아도 모든 선택에는 책임이 뒤따릅니다. 단, 아이의 선택이 어떤 결과를 가져왔는지를 확인하고 만약 문제가 생긴다면 누군가 개입하여 해법을 제안해 주는 일이 필요하지요.

예를 들어 아이가 어릴 때는 엄마가 선택한 옷을 입지만 성장하면서 직접 고를 기회가 생깁니다. 이때 아이가 좋아하는 옷을 고르면서 날씨와는 무관한 선택을 할 수 있겠지요. 날은 쌀쌀한데 파란색이 좋다고 파란색 반소매 티셔츠만 입겠다고 하는 식으로요. 그때 엄마가 날이 추우니까 반소매 티셔츠 위에 점퍼를 입거나 긴소매 티셔츠를 입는 게 어떻겠냐고 제안할 수 있습니다. 그래도 아이가 싫다고 거부하면 엄마는 아이 의견을 존중한다는 점을 분명히 하며 양보하는 것이 좋습니다. 추우면 그때는 점퍼를 입으라는 말과 함께요.

이때 엄마가 반소매 티셔츠 선택이 잘된 건지 잘못된 건지를 사전에 평가하거나 추우면 네가 책임지라고 위협을 하면 아이는 선뜻 선택하기 어렵겠지요. 선택은 결과를 책임져야 하기 때문에 사실 어른에게도 어려운 일입니다. 하지만 정작 사람들이 가장 곤란해하는 건 무엇을 기준으로 선택해야 할지 모를 때입니다. 물론 결과가 두려울 때도 있지만 결과를 감당할 용기가 있어도 선택하지 못하는 경우가 많지요. 어떻게 선택해야 할지 모르기 때문입니다.

청년 상담자 기은 씨는 무언가를 선택하거나 결정하는 게 힘들다고 합니다. 선택의 기준을 무엇으로 정해야 할지 모르겠고 결과도 두려워서 작은 일은 다른 사람의 의견을 따르고 중요한 일은 주로 부모님의 의견을 따른다고 했어요.

　기은 씨가 말하는 선택과 결정은 사소하게는 메뉴를 고르는 일 따위인데요. 친구들과 점심 먹을 때를 예로 든다면, 친구들은 "난 냉면 먹고 싶어." "난 스파게티가 끌리는데." 등 의견을 스스럼없이 내는데 기은 씨는 둘 중 뭘 먹어도 괜찮고 사실 딱히 먹고 싶은 것도 없다고 해요. 이런 경우는 주변에 드물지 않고 별문제가 생기지도 않습니다. 오히려 까다롭지 않다고 환영받기도 하죠. 그런데 기은 씨는 매사에 그렇다는 게 고민이라고 했어요. 간혹 자신이 정말 중요한 무언가를 결정해야 하는 때가 오면 부모님 의견을 따르지만, 이제 성인이기 때문에 계속 이렇게 살면 안 될 것 같다고 말했지요.

　핵심은 무엇을 기준으로 선택해야 할지 알아야 한다는 것입니다. 아이가 선택을 쉽게 감행하면서 배워야 할 점이 이것이지요. 처음부터 책임을 감당해야 한다면 아직 그럴 만한 능력이 없는 아이는 선택을 포기하기 쉽습니다. 그렇게 되면 선택의 기준을 배우거나 만들지 못하겠지요.

자기가 선택한 반소매를 입고 나간 아이는 추위를 겪으면서 깨닫게 됩니다. 옷을 고를 때는 좋아하는 디자인이나 색깔만 기준이 되는 게 아니라 날씨도 기준이 된다는 것을요. 이렇게 선택을 시도하면서 아이는 하나씩 새로운 것을 알아 가기도 하고 보람과 만족도 느끼게 됩니다. 잠시지만 선택의 자유를 누리고 그 결과를 감수하기도 했기 때문입니다.

요컨대 아이가 자신의 존재 기반을 사회적인 장으로 옮기기 위해서는 우선 충동의 만족을 포기해야 합니다. 이를 위해 아이는 엄마가 채워 주는 대상이 아니라 세상과 공유할 수 있는 일반적인 대상을 스스로 찾아 가야 하지요. 이는 아이가 다른 사람과 함께 살면서 필요한 것을 직접 선택하는 경험을 통해 이루어 낼 수 있는 변화입니다.

3장

가지고 있지 않은 것을 주는 사랑

● 엄마는 아이의 요구에 답하는 사람이지만 때로는 현명하게 거절할 줄도 알아야 합니다. 아이가 세상을 향해 나아가야 하기 때문이지요. 그런 거절을 보상하기 위해 엄마는 아이에게 어떤 다른 것을 줄 수 있을까요? 아이가 정말로 자기가 원하는 것을 구하게 하려면 엄마는 아이에게 무엇을 주어야 할까요?

초등학생 지헌이의 엄마는 퇴근 후 지헌이 숙제를 봐줍니다. 그런데 지헌이가 집중을 못 하고 문제를 계속 틀려서 시간이 많이 든다고 했습니다. 동생도 봐줘야 하는 엄마로서는 곤란한 상황이었지요. 이상한 점은 지헌이가 학교에서는 그렇지 않다는 것입니다. 엄마는 지헌이가 이러는 이유가 궁금했습니다. 지헌이가 자기와 어떤 문제가 있는 게 아닌가 걱정이 된다고 했지요.

프랑스 아동 상담 문헌에 유사한 사례가 있습니다. 병원에 오랜 기간 입원해 치료를 받던 아이가 엄마가 집으로 돌아갈 시간이 되면 엄마 몸을 손으로 자꾸 밀쳐 냈다는 것입니다. 알고 보니 엄마와 함께 있는 시간을 더 늘리기 위한 행동이었지요. 아이가 엄마를 밀쳐내면 엄마는 아이가 화가 났나 걱정이 되어 좀 더 이야기하며 머물렀거든요. 지헌이도 마찬가지였습니다. 지헌이에게 숙제하는 시간은 엄마와 이야기하는 시간이기도 했습니다. 문제를 틀리면 시간이 그만큼 늘어났지요.

엄마와 함께 있고 싶은 아이의 마음

아이들은 왜 엄마와 함께 있고 싶어 하는 걸까요? 엄마가 필요한 것을 주는 사람이라서일까요? 엄마를 좋아해서? 그렇기도 하지만 우선은 엄마와 함께 있는 상태 그 자체로 발휘되는 어떤 효과 때문인데요. 아이의 존재감이 살아난다는 것이지요.

생애 초기 아이는 혼자서는 아무것도 할 수 없는 생체 조건으로 인해 한동안 엄마와 함께 있을 때만 무언가를 경험합니다. 처음엔 엄마가 주는 대상을 통한 만족이 아이에게 존재감을 주지만, 아이가 곧 그때마다 엄마가 함께 있음을 알게 되면서 엄마의 존재 자체도 그런 효과를 갖게 되지요. 엄마가 옆에 있기만 해도 아이는 엄마가 주었던 것을 떠올리면서 그 감각을 되살릴 수 있어요. 엄마가 대상을 제공하거나 함께 있는 덕분에 아이의 생명 감각, 삶을 향한 의지가 만들어집니다. 우리가 흔히 쓰는 표현처럼 생기가 솟고 활기가 도는 것입니다.

반대로 엄마가 아무것도 주지 않거나 부재하면 아이의 생기가 사라질 수 있습니다. 엄마가 옆에 없거나, 있더라도 다른 일에 몰두하여 홀로 놔두었을 때 갓난아기는 종종 울음을 터뜨리지요.

아이의 울음은 엄마가 응답하는 순간 엄마를 향해 보낸 SOS, 엄마를 부르는 호출이 됩니다.

"응! 엄마 여기 있어. 배고프구나."

엄마는 우선 아이에게 부족한 것이 있어서 문제가 생겼다고 생각하고 그것을 채울 수 있는 대상을 주면서 응답합니다. 배고플 거라 여기면 젖을, 추울 거라 생각하면 이불을, 심심해 보이면 장난감을 주지요. 그러면 보통 아이는 울음을 그치고 엄마의 대응에 호응합니다.

아이가 엄마의 출현과 대상의 제공에 반응하며 울음을 그치는 일이 반복되면 아이에겐 중요한 변화가 일어났다고 볼 수 있습니다. 어떤 변화일까요?

아이에게 일어난 첫 번째 변화는 결핍과 보충의 메커니즘이 자리 잡는 것입니다. 허기가 져도 울고, 추워도 졸려도 울던 아이가 이제는 차차 허기가 지면 밥을, 추우면 옷을, 심심하면 장난감을 찾게 됩니다. 몸에서 일어나는 현상에 그냥 반응했던 아이가 몸의 자극이나 흥분, 불편함이 무언가가 부족하여 생겼다고 여기고 그것을 보충하는 방법으로 해결하게 된 것이지요.

성인이 되어도 곤란한 일이 생겼을 때 해결책을 찾기보다 무턱대고 화를 내거나 좌절하는 사람들이 있는데요. 이는 문제를 결핍과 보충이라는 메커니즘으로 전환하지 못하고 자극에 즉각 반응하기 때문에 생기는 현상입니다. 이 변화가 일어나야만 아이가 자기 몸 밖에 있는 대상을 이용하여 활기를 되찾는 삶의 양식을 가질 수 있게 됩니다. 이런 방식이 인간 사회의 기본이라는 것을 배워 가는 것이지요.

결핍과 보충의 메커니즘은 대상이 특정화되어야 완성됩니다. 아이가 어떤 대상으로 자신의 결핍을 채울지 알 수 있어야 한다는 뜻이죠. 배가 고프면 음식을 먹고 추우면 옷을 더 입거나 난방을 해야 한다는 기본적인 정보부터, 다리가 아플 때 무엇이 필요한지, 몸이 피곤할 때 무엇이 필요한지, 기분이 좋지 않을 때 무엇이 필요한지를 알아야 곤란함을 결핍과 보충의 메커니즘으로 환원하여 해결할 수 있습니다.

물론 아직 필요한 대상을 스스로 찾거나 만들 수 없는 아이는 우선은 엄마에게서 그것을 얻어 냅니다. 그렇게 해서 아이의 두 번째 변화가 생겨납니다. 엄마가 주는 것을 받기만 하던 아이가 이제는 엄마에게 결핍을 보충해 주길 요구하는 것이지요. 처음엔 울음, 표정, 손짓이나 몸짓을 이용하지만 아이는 차차 언어를 사용해 엄마에게 요구합니다. 아이는 엄마가 결핍을 채워 주는 것을 당연하게 여기며 요구하는 일에 당당해집니다.

이는 아이가 '말하는 자'로 출현한다는 뜻이며, 이후 엄마와 함께하면서 자기 존재를 확인하는 양태 역시 바뀝니다. 엄마가 요구에 응답하는 방식이 아이의 존재감에 영향을 끼치는 것이지요.

여기서 주목할 것은 이런 변화가 일어나기 위한 조건입니다. 변화가 일어나려면 엄마가 아이 옆에서 필요한 것을 챙겨 주는 일에 '틈'이 생겨야 합니다. 물론 아이의 건강이나 생명을 해칠 정도라면 안 되겠지만 아이는 자기 몸에 어떤 불편함, 만족스럽지 않은 상태를 꼭 겪어야 합니다. 이를 위해서는 엄마가 잠시 아이를 혼자 두는 시간이 필요하지요. 그러면 아이는 자신의 불편함에 반응하며 무언가를 표출하게 됩니다. 몸을 흔들거나 울거나 소리를 지르거나 하는 방식으로요.

이때 엄마의 태도가 중요합니다. 아이가 짜증을 낸다고 받아들여 왜 짜증 내고 힘들어하는지를 아이에게 묻지 말아야 하지요. 아이가 성장하여 부모와 대화가 가능해지면 아이의 상태를 묻는 것이 중요하지만, 아직 언어를 충분히 습득하지 못해 생각하기 어려운 아이에게 '왜'라는 질문은 무의미하기 때문입니다.

아이의 울음이나 소란한 몸짓은 "내가 원하는 걸 주세요."라는 요구가 아니라 "내가 원하는 게 뭐죠?"라는 물음입니다. 이 시기 엄마는 아이에게 "네가 원하는 것, 네가 필요한 것은 이거야."라며 답을 알려 주어야 합니다. 아이가 울면 "왜 우냐?"라며 답답한 마음에 화를 내지 말고, 아이의 울음을 결핍의 표현으로 해석하여 "이게 필요하구나!"라면서 보충할 대상을 제공해 주어야 합니다. 이 과정이 있어야 앞에서 말한 아이의 중요한 변화가 일어날 수 있습니다.

말하고 요구하는 아이의 출현

일정 시기가 되면 아이는 필요한 것을 엄마에게 요

구하면서 말하는 자로 등장합니다. 말하는 자의 등장이란 무슨 뜻일까요? 이전까지는 아이가 몸의 욕구나 만족을 경험할 뿐이었습니다. 이를테면 배고픔이나 몸의 자극을 느끼는 아이였지요. 그런데 아이가 말을 하게 되면 그런 몸의 경험을 객관화하게 됩니다. 배고픔을 느끼는 아이와 상태를 인식해서 말하는 아이로 분할되는 것입니다.

아이가 엄마에게 말할 때 한쪽에는 말하는 아이가 전달하고자 하는 내용이 있습니다. "엄마, 배고파요!"라고 말한다면 엄마에게 먹을 것을 요구한다는 의미이고, 이에 대한 엄마의 응답이라면 음식을 주는 일이 되겠지요. 그리고 여기서 중요한 다른 한 가지 의미가 더 생깁니다. 그것은 말하는 아이와 그 말을 듣는 엄마 사이에서 일어나는 일로, 한 사람이 자신을 마주한 다른 한 사람을 향해 말하고 있다는 사실입니다.

"내가 엄마에게 말하고 있어요!"

그렇다면 이에 대한 응답은 듣는 자의 출현이겠지요.

"내가 네 말을 들었어. 네가 내게 말하고 있다는 것

을 잘 알고 있어."

말의 여러 기능 중에서도 이 기능이 매우 중요합니다. 말은 사람을 불러내어 서로 만나게 하지요.

"자, 내가 여기 있어. 너도 여기 있다고 답해 줘."

말의 이러한 기능은 보통은 드러나지 않지만 언제든지 전면으로 나와 다른 모든 기능을 마비시킬 수 있습니다. 말이 언제 중단되는지를 생각해 보면 잘 알 수 있는데요. 말은 상대방이 내 존재에 응답하지 않는다고 여겨질 때, 나를 외면한다고 여겨질 때 중단되지요.

"말이 안 통하네요." "너는 내 말을 안 듣고 있잖아." 이는 서로 다른 이야기를 했다는 것이 아니라 사람과 사람 사이에 단절이 일어났다는 뜻입니다. 그만큼 응답하는 사람의 존재는 중요합니다.

아이가 엄마에게 무엇을 달라고 말할 때 그 이면에서 아이는 이렇게도 말하고 있습니다.

"엄마! 엄마 앞에 있는 내게 응답해 줘요."

프랑스의 정신분석가인 자크 라캉은 이를 '모든 요구는 사랑의 요구'라는 말로 요약한 바 있습니다. 우리가 무언가를 원한다고 말할 때 실제로 원하는 건 '나 자신이 사랑받는 것'이라는 뜻이지요. 이는 아이의 의도나 의지가 그렇지 않은 경우에도 동일하게 해당됩니다. 개인의 의도와 상관없이 작용하는 말의 숙명 같은 것이지요.

아이가 "엄마 배고파요."라고 말할 때 엄마 앞에는 배고픈 아이만 있는 게 아니라, 엄마를 향해 말하는 아이도 있습니다. 이 두 차원의 아이 모두가 응답을 기다립니다.

이에 따라 엄마 역시 두 가지 차원으로 분할됩니다. 밥을 주는 엄마와 말을 듣고 그 말에 응답하는 엄마입니다. 전자는 아이의 욕구와 충동을 만족시킬 대상을 제공하는 엄마이고, 후자는 아이에게 존재한다는 감각을 불어넣으며 함께 있어 주는 엄마입니다. 다시 말하자면 전자는 아이가 원하는 것을 '가진 자'이자 '주는 자'인 엄마이고, 후자는 "너는 나의 아이야."라며 아이의 가치와 의미를 보증해 주는 엄마이지요.

여기서 확인할 수 있는 건 아이가 엄마의 세상 안에

서 원하는 것을 찾고 엄마의 응답에 모든 것을 맡기고 있다는 사실입니다. 이전에는 엄마가 먼저 아이를 품에 안고 자기 세계에 자리를 마련해 주었다면, 이제는 아이가 적극적으로 요구하면서 엄마의 세상에서 필요한 모든 것을 길어 오려고 하는 것입니다.

앞서 말하는 아이가 출현하며 성장에 큰 변화가 일어난다고 했을 때 아이가 엄마로부터 자립하여 주체적인 위상을 만들어 내는 것을 기대했을 수도 있겠습니다. 하지만 아직은 아닙니다. 그것은 여기서 또 한 번 변화를 겪어야 이루어지지요. 지금처럼 아이가 엄마에게 필요한 것을 요구하고 사랑받기를 원하는 한, 엄마의 세상에 의존하고 있다는 사실은 변하지 않으니까요.

거절을 받아들이지 못하는 아이

초등학생 하윤이의 엄마는 하윤이가 자기주장이 매

우 강하다고 했습니다. 원하는 것이 뚜렷해서 가족이나 친구에게 의견을 분명히 밝히는데 문제는 자기 뜻을 항상 관철하려고 한다고 말이지요. 그래서 주변 사람들의 의견에 별로 영향받지 않는 하윤이가 나이에 비해 너무 빨리 독립적인 성향을 갖게 된 것은 아닌가 하는 생각이 든다고 했습니다. 그런데 한편으로는 사람들 시선에 예민해서 조금이라도 자기를 마음에 들어 하지 않는 것 같으면 상처받아 토라지고 화를 내기도 하니 아이가 어떤 상태인지 잘 모르겠다고 했습니다.

상반된 듯 보이는 하윤이의 두 가지 모습은 사실 동일한 특성의 다른 표현입니다. 다른 사람이 자신을 인정하는지 여부에 크게 영향을 받는 것처럼, 자신이 원하는 바를 요구하여 이루려는 것 역시 독립적인 성향이 아니라 타인에 대한 의존입니다.

뻔뻔할 정도로 원하는 것을 강하게 요구하는 아이들 앞에서 엄마들은 어쩔 줄 모르겠다며 곤란해하지만 아이들은 그만큼 엄마에게 매여 있다고 봐야 합니다. 당장 먹고 싶고 놀고 싶은데, 엄마가 들어주지 않는다며 얻어 낼 때까지 고집을 부리는 아이들. 이때 아이는 말로는 먹고 싶고 놀고 싶다고 하지만 정작 그 요구 대상보다는 엄마의 응답에 매달리는 것입니다. 이처럼 아이가 엄마에게서 만족과 사랑의 확인을 얻는 데 집착하면, 엄마의 응답에 자기 존재를 걸고 만족과 좌절, 사랑과 미움이 반복되는 악순환의 굴레로 들어가게 됩니다.

아이의 요구에 엄마는 다양한 방식으로 응답합니다. 어떤 엄마는 말의 의미에 집중하여 아이가 달라고 요구한 것을 채워 주는 데 몰두하지요. 이런 경우라면 아이의 말이 정보를 교환하는 수단으로만 취급되면서 아이가 말을 통해 다른 사람과 연결되는 방식을 익히지 못할 수 있습니다. 자기 존재에 대해 응답해 달라는 요구는 무시되기 때문입니다. 아이가 말하면서 이루어 낸 분할의 효과가 원점으로 돌아가고, 아이는 이전처럼 그저 배고픔을 느끼는 몸으로만 존재하게 되는 것이죠.

한편 아이를 달래고 사랑을 표현하기를 택하는 엄

마도 있습니다. 우리는 물리적인 만족을 제공하기보다 아이를 알아봐 주고 함께하는 것이 얼마나 중요한가에 관해 숱하게 들어 왔습니다. 하지만 그렇다고 하더라도 부모가 아이에게 필요한 것을 주지 않고 함께 있기만 했을 때 원래 품었던 바람까지 사라지는 아이들은 거의 없습니다. 사랑이 욕구나 충동을 어느 정도 중화할 수는 있지만 무화할 수는 없기 때문입니다.

아이의 요구에 대해 원하는 것을 주기만 하고 사랑의 응답을 하지 않아도 문제, 원하는 것을 주지 않으면서 사랑의 응답만 해도 문제가 됩니다. 때로는 요구를 들어주고 존재에 대한 응답까지 했는데도 문제가 생길 수 있지요. 만족을 원하는 충동과 확인을 원하는 사랑은 결코 적당한 선에서 멈추지 않기 때문입니다. 늘 계속해서 만족과 확인이 필요하기 때문에 아이의 요구는 결국 끝없이 이어지게 되어 있습니다.

여기에 요구의 아이러니가 있습니다. 아이가 엄마에게 무언가를 요구하면 아이는 엄마에게 의존하게 된다고 했습니다. 엄마의 응답에는 거절이 포함되어서 그 힘이 더욱 강력하지요. 엄마는 아이가 원하는 걸 주기를 거절할 수도 있고, 말하는 아이의 존재를 인정하기를 거절할 수도 있습니다. 그런데 이 지점에서 역효과가 생깁니다. 아이가 거절에 집착하여 더 거세게 요구하게 되는 것입니다. 그로 인해 엄마 역시 감당하기 어려운 아이의 요구에 압박당하게 됩니다. 아이가 엄마에게 의존한다는 것은 사랑받고 도움을 얻기 위한 관계만을 의미하지 않습니다. 통제 불가능하게 충돌하고 서로를 공격하는 관계 역시 의존을 전제로 하지요.

　엄마와 아이의 관계가 이런 속박의 굴레에 들어가면 감정의 소용돌이에서 헤어날 수 없게 됩니다. 나를 기쁘게 하는 엄마를 좋아하거나 나를 거절하는 엄마를 미워하거나. 내게 만족하고 호응하는 아이를 좋아하거나 내게 불만을 터뜨리고 성가시게 하는 아이를 미워하거나. 애증이라는 이름으로 불리는 이런 관계의 모순은 그야말로 삶을 지치고 피폐하게 하고 관계를 두렵게 만듭니다.

가지지 않은 것을 주는 법

엄마와 아이 사이에서 되풀이되는 이런 요구와 응답의 악순환을 어떻게 멈출 수 있을까요? 단도직입적으로 말하자면 이는 엄마가 가진 자의 역할을 포기하면 멈추어집니다. 이때 오해해선 안 되는 것이 있습니다. 가진 자이길 멈추라는 게 주는 자이길 멈추라는 뜻은 아니라는 점입니다.

앞서 엄마를 가진 것을 주는 사람이라고 이해했고 현실 속 엄마의 역할도 그것에 충실하게 이어져 왔습니다. 하지만 아이의 요구와 엄마의 응답이 서로를 옭아매면 아이는 엄마의 품에서 벗어나 세상을 마주하기 어려워집니다. 엄마가 주는 것으로 만족을 채우기를 포기하고 아이가 밖에서 대상을 구해야 한다고 했지만, 필요한 모든 것을 엄마가 갖고 있다면 굳이 다른 노력을 할 필요가 있을까요? 아이가 엄마에게 더 이상 요구하지 않으려면 엄마가 그것을 갖고 있지 않아야 한다는 건 분명합니다. 하지만 엄마가 아이에게 더 이상 아무것도 주지 않는다면 둘 사이에 남는 것이 있을까요? 엄마로서 여전히 아이를 사랑한다고 말할 수 있을까요?

그렇다면 가진 자이기를 멈추되 주는 자이긴 해야 한다는 말인데, 이건 어떻게 가능할까요? 이에 대해 라캉은 "가지고 있지 않은 것을 주어야 한다."라는 얼핏 들으면 이상한 문장을 제시합니다. 우리가 무언가를 줄 수 있으려면 적어도 그것을 가지고 있어야 하는 게 아닌가요? 엄마가 '가지지 않은 자'가 된다는 것은 부모라면 아이에게 되도록 좋은 것을 많이 줘야 한다고 여겨지는 상식과는 꽤 거리가 있어 보이는 말입니다. 게다가 '가지지 않은 것을 주는 것'은 또 무엇일까요?

이는 '준다'의 다른 의미를 탐색해야 풀리는 문제입니다. 무언가를 주는 것과 받는 것은 어떤 대상을 소유하는 것과 관련되어 있습니다. 하지만 주는 것에는 소유 말고 다른 측면이 포함되어 있지요. 바로 존재입니다. 우리는 흔히 준다는 것을 소유의 차원에서 이해하지만, 위에서 말한 준다는 것은 존재와 사랑의 차원입니다. 가지지 않은 것을 주기, 그것은 엄마의 사랑에 관한 이야기입니다.

가지지 않은 것을 주기 위해서는 두 가지 조건이 충족되어야 합니다. 가지지 않은 것이 있어야 하고, 이를 주어야 하겠지요.

이는 아이가 보기에 엄마가 가지지 않은 것이 있고, 그런 채로 자신의 요구에 응답해 준다는 뜻입니다. 그렇다면 우선 아이는 엄마가 가지지 않은 것이 있다는 사실을 믿어야 하지요. 이게 쉬운 일은 아닙니다. 잘 알고 있듯이 현실 속 엄마는 실제로 가진 것보다 가지지 못한 것이 더 많고, 갖고 있지 않다는 것을 아이들에게 숱하게 이야기해 왔습니다. 결과는 어떤가요? 아이들은 귓등으로도 안 듣는 것 같습니다. 엄마가 없다고 해도 금세 다시 요구하곤 하지요. 아니면 서운해하며 실망하기도 하고요. 이럴 때 엄마는 억울한 마음이 생깁니다. 없는 것도 억울한데 아이가 계속 조르면 자신이 무능하게 보이거나 아이가 야속하게 느껴지기도 합니다. 실망하는 아이를 볼 때도 마찬가지이지요.

엄마에게 없는 것이 있다고 하면 아이들은 믿지 않거나 무시하거나 실망합니다. 가지지 않은 것이 있는 엄마는 아이를 사랑하는 멋진 엄마라기보다 사랑하지 못하는 불쌍한 엄마처럼 보이는 것 같습니다.

이것을 피하려면 다음과 같이 생각해 보아야 합니다. 우선 가지지 않은 사람이란 결핍, 부족함이 있는 사람이겠지요. 그런데 다른 사람이 가지고 있는 것에 대한 결핍이라면 비교의 대상이 될 겁니다. 나는 없는 무언가를 다른 사람이 가지고 있다면 결국 나는 그보다 못한 사람이 될 수밖에 없습니다.

만약 엄마에게 없는 것, 엄마가 결핍한 것을 다른 사람들이 가졌다면, 엄마는 '가지지 않은 것이 있는 자'라기보다 '가지지 않은 자'가 됩니다. 돈, 지식, 건강, 외모, 직업, 취미, 친구 따위가 없는 엄마라는 말이지요. 반면 가지지 않은 것이 있는 엄마란 그게 아닌 다른 무언가가 없는 사람이라는 뜻인데, 아이가 그것을 어떻게 알 수 있을까요? 엄마가 다른 무언가를 원하고 바라는 사람이라는 것을 아이가 느끼고 확인하면 됩니다.

자식과 가족이 있고, 부유하고 건강하고 직업이 있더라도 엄마는 삶에 다른 무언가가 있다는 사실을 믿고 그것을 찾으려고 노력하는 사람일 수 있어요. 엄마로서의 삶과 가족의 의미나 가치, 일해서 버는 돈이나 이익 말고 그 외의 멋지고 소중한 무언가, 지금은 없지만 찾을 수 있다고 믿는 무언가를 말이지요. 그래서 그것을 찾기 위해 삶을 지속해 나가기를 갈구하는 사람일 수 있습니다. 엄마가 직업이 없고 가족 구성원도 부족하고 건강하지도 않고 외모가 멋지지 않더라도 마찬가지입니다. 부족한 것에만 영향받는 게 아니라 또다른 무언가를 신경 쓰며 사는 것이지요.

삶이 지속되면서 찾아올 우연한 기회나 놀라움의 순간들을 궁금해하고 바라는 엄마. 자기의 고유한 삶을 살아가기를 바라는 엄마. 바로 그런 엄마가 가지지 않은 것이 있는 엄마입니다. 엄마의 그런 모습을 보면 아이는 부인하기 어려워지지요. 엄마에게 가지지 않은 것이 있다는 사실을 말입니다. 엄마가 바라는 것이 정확히 무엇인지는 엄마도 아이도 모를 것입니다. 왜냐하면 그것은 엄마가 가지지 않은 것이기 때문입니다. 가지지 않은 것에 대해 알 수는 없습니다. 확인할 수있는 건 오직 엄마에게 가지지 않은 것이 있고, 엄마는 그것을 찾으려고 노력하며 산다는 그 사실 하나입니다. 그러면 아이는 알게 됩니다. 그래서 우리 엄마는 세상에서 유일한 바로 그 엄마이고, 다른 엄마와 같은 엄마가 아니라는 사실을 말이지요.

그렇다면 아이에게 가지지 않은 것을 주는 것은 어떻게 가능할까요? 이제 쉽게 답할 수 있습니다. 엄마가 아이에게 바로 그것을 바라면 됩니다. 아이가 가지지 않은 것이 있기를, 아이가 무언가 결핍된 사람으로 자라기를, 무엇이 올지 아직 모르는 그 자리를 비워 두고 조금씩 채워 가기를 말이지요. 이를 통해 아이가 만남의 기쁨을, 지식이나 일의 보람이며 또 다른 의미를 경험하기를. 살면서 찾아올 어떤 고난이나 역경에서 삶의 또 다른 면모를 찾기를, 그 속에서 사람들과 따뜻한

연대를 누리기를. 그래서 결국 그 누구도 아닌 내 아이가 되기를, 유일하고 소중한 사람이 되기를 바라는 것입니다.

엄마의 사랑은 그런 것이라고 할 수 있습니다. 내 아이의 유일하고 특별한 엄마로서 내 아이가 유일하고 특별한 아이가 될 수 있도록 가지지 않은 것을 주는 사람이 되는 것입니다.

4장

아이가
상실을 감내하려면

● 　아이는 자라며 자신이 좋아하는 것을 빼앗기는 경험을 하게 됩니다. 이는 사회의 규칙을 배우는 훈육의 과정이기도 하지요. 이때 무엇보다 중요한 것은 아이를 존중하며 애도의 과정을 겪게 해 주는 것입니다. 그래야 상실의 대상이 다른 것으로 대체되며 새로운 관계의 길을 열어 줄 수 있습니다.

엄마와 아이의 관계에서 강조되어 온 건 엄마가 아이에게 무언가를 주어야 한다는 것입니다. 우리도 그에 대해 이야기했습니다. 가진 것을 주던 엄마에서 나아가 가지지 않은 것을 주어야 한다고 했으니 결국 엄마는 줄곧 주는 사람의 자리를 맡는 셈이지요.

하지만 그것이 다는 아닙니다. 엄마는 자녀가 어린 아이일 때부터 무언가를 내놓으라고 요구하는 사람이기도 하니까 말입니다.

"손에 쥔 것 놔야지. 엄마한테 줘 봐."

"입에 뭐 물고 있어? 엄마 손에 뱉어."

"그거 여기 놓고, 가서 손 씻고 와."

엄마는 손을 내밀며 아이가 가진 것을 내놓으라고 합니다. 쥐었던 물건을 놓고 다른 곳에 갔다 오라는 엄마 말을 그대로 들었다가는 이미 물건이 치워지고 없습니다. 엄마 손은 주는 손이지만 그에 못지않게 뺏는 손이기도 하지요.

"이제 이건 네 거야."

"이제 이건 네 것이 아니야."

무언가를 쥔 손을 내밀 때와 빈손을 내밀 때 엄마가 자기에게 전혀 다른 것을 바란다는 사실을 아이도 알고 있습니다. 엄마는 아이에게 새로운 것을 알려 주기도 하지만 아이가 포기해야 하는 것도 알려 줍니다.

자기 것을 빼앗기지 않으려는 아이

아이가 가진 것을 뺏는 시작점에 엄마의 눈이 있습니다. 엄마의 시선은 엄마가 아이 옆에 있다는, 아이를 인정해 준다는 보증이지요. 하지만 그와 동시에 아이를 감시하고 통제하기도 합니다.

"어디 봐. 뭘 갖고 있어?"

엄마의 눈이 아이가 가진 것을 보는 순간 아이는 엄마에게 내놓아야 하는 궁지에 몰립니다.

"그거 이리 내놔. 그건 만지면 안 돼."

이런 엄마의 요구에 아이는 대부분 순응하고 따르지만, 어떤 것은 내놓고 싶지 않을 수 있습니다. 그럴 때 아이는 엄마 눈을 피하려고 합니다. 아이가 덮개 달린 상자나 서랍 혹은 좀 더 은밀한 비밀 장소에 무언가를 숨기는 건 엄마의 눈과 손으로부터 자기 것을 지키는 하나의 방법이 됩니다. 이제 아이는 자기 것을 다 보여 주지 않고 숨기기 시작하지요.

우리는 숨김에서 위반이나 눈속임 같은 부정적인 의미를 찾지만 사실 여기엔 긍정적인 의미도 있습니다. 일단 아이가 엄마 눈을 피해 어떤 물건을 숨긴다면, 엄마만 아니라 아이도 못 보게 됩니다. 그렇게 되면 아이는 그 물건의 소유를 포기하지 않지만 사용은 포기할 수밖에 없게 되죠.

영민이는 포켓몬 카드를 모으고 즐겨 왔습니다. 영민이의 부모는 카드 개수가 너무 많고 영민이가 성장하기도 했으니 갖고 놀지 못하게 뺏으려고 했어요. 영민이는 카드를 숨겼지요. 어린아이가 집 안에 숨긴 것이니 부모가 마음만 먹으면 찾지 못할 리 없지만, 영민이 부모는 그냥 눈감아 주었습니다. 영민이는 이를 마치 무용담처럼 이야기했습니다. 자기가 감춘 것을 부모님이 찾지 못한다고 말이지요. 처음엔 몰래 카드를 꺼내서 놀기도 했지만, 시간이 지나면서 영민이 역시 포켓몬 카드를 잊어버렸습니다. 숨긴 카드의 사용이 중지되고 소유만 유지된 것입니다. 사용하지 않는 것은 시간이 지나면서 잊히거나 흥미가 떨어지고 결국 부모는 원래의 목적을 이루게 됩니다.

숨김의 효과를 한 가지 더 이야기해 볼까요. 만약 부모가 그렇게 숨긴 것들의 소유권을 아이에게 적절히 인정해 준다면 아이는 물건을 사용할 때뿐 아니라 보유할 때에도 의미나 즐거움을 찾을 수 있습니다. 인간에겐 사용을 위해서만이 아니라 그저 갖고 있기 위해서 소유한다는 특징이 있고 이는 개인의 삶과 사회의 요소에 광범위한 영향을 미칩니다.

아이의 사회화엔 대상을 보유하는 데에서도 만족을 얻는 변화가 포함되어 있습니다. 소유가 주는 힘과 기쁨을 알게 되고 무언가를 모으고 보관하는 취향이 형성되는 것입니다. 사람들은 사용하지 않아도 가지고 있다는 사실에서 위안이나 기쁨을 얻기도 하고 자랑거리 삼기도 합니다.

아이들도 물건 모으기를 좋아합니다. 종이나 반짝이는 것들, 천 조각, 장난감, 인형, 스티커 등을 상자나 벽장에 감추어 두곤 하지요. 그래도 기회가 되면 다른 사람에게 신이 나서 보여 줍니다. 생각해 보면 숨겨 둔 것이 자랑거리가 된다는 것은 희한한 일입니다. 상자나 서랍 속에서 어떤 마법 같은 게 일어나는 것일까요?

답을 잠시 보류하고 달라고 하는 엄마, 가져가는 엄마 이야기로 다시 돌아가 보지요. 이런 면모는 가혹하게 느껴질 수 있지만 아이가 성장하려면 감당해야 하는 일이며 엄마의 주요 역할 중 하나입니다. 성장에 따라 아이가 해야 할 행동과 하지 말아야 할 행동, 그리고 써야 할 대상과 쓸 수 없는 대상이 달라지기 때문입니다.

아이는 이런 엄마를 두 가지 차원에서 경험합니다. 하나는 우리가 지금껏 이야기한 바와 같은, 아이가 실제로 가진 것에 대한 요구와 박탈입니다.

"지금 네가 가진 것을 이리 줘!"

그렇다면 아이에게 가진 것을 내놓으라는 요구는 어떤 결과에 이르러야 성공이라고 할 수 있을까요? 분명한 점은 아이가 가진 것을 내놓는 결론이 다가 아니라는 것입니다. 예를 들어 엄마가 아이에게서 공을 뺏어야 할 때 공을 뺏는 것이 목적은 아니라는 뜻이지요.

엄마가 아이에게서 무언가를 뺏는다면 그것은 훈육을 위해서입니다. 규칙에 따라 대상의 '사용'을 금지하거나 제한하는 것이지요. 이에 따라 아이는 어떤 것을 일시적으로 혹은 영원히 사용하지 못하게 됩니다. 이유기에 완전히 끊어 내야 하는 엄마의 젖가슴, 유치원이나 학교에 갈 때 놓고 가야 하는 장난감, 정해진 시간 이상 가지고 놀 수 없는 게임기나 스마트 기기 등 아이는 그때까지 보장되던 자유 사용권을 포기해야 합니다.

엄마는 이런 박탈과 포기가 아이에게 어떤 의미를 주고 어떤 영향을 미치는지 이해할 필요가 있습니다. 그런데 현실에선 엄마가 이를 말로 제안하기 때문에 아이가 보이는 태도를 두고 엄마 말을 듣느냐 듣지 않느냐 하는 문제로 환원하기 쉽습니다. 이는 아이가 엄마에게 원하는 것을 요구할 때와 같은 상황이지요. 엄마가 주거나 주지 않는 것을 자기 자신에 대한 반응, 자신을 사랑하거나 사랑하지 않는 반응이라고 받아들이는 것과 같은 맥락입니다.

간과하지 말아야 하는 점은 아이가 쥐고 있는 것을 놓지 않는 것이 엄마의 말을 듣지 않는 차원의 일이라기보다, 기본적으로 아이와 그 대상 자체의 관계에 관련되어 있다는 사실입니다.

말 안 듣는 아이의 속사정

아이들이 스마트 기기를 놓지 못해서 엄마와 실랑이를 벌이는 경우가 많은데요. 문제의 축이 아이와 스마트 기기의 관계에서 아이와 엄마의 관계로 넘어가면서 상황이 어렵게 꼬이곤 합니다. 스마트 기기에 대한 집착이 엄마 입장에선 자기 말을 따르지 않는 것으로 여겨져 말을 잘 듣게 하려는 노력으로 기울거나 아이와 엄마 사이의 힘겨루기로 바뀌기도 합니다. 그렇게 되면 아이가 왜 스마트 기기를 놓지 못하는지, 아이가 스마트 기기에서 무엇을 찾고 얻는지를 제대로 알아보지 못하고 아이를 달래거나 위협하는 방식을 해결책으로 삼게 되지요.

초등학교 고학년인 진우는 최근 들어 유독 휴대폰을 손에서 놓지 못한다고 했습니다. 휴대폰으로 게임을 하고 유튜브 영상을 보고 음악을 듣는다고 해요. 게임이나 유튜브 영상 말고 좋아하는 것이 있냐고 물으니 원래는 축구를 좋아했답니다. 하지만 서울로 전학 오면서 친구들과 헤어지고 축구를 하지 못하게 됐죠. 지금 다니는 학교에서는 쉬는 시간이나 방과 후에 같이 축구를 하고 놀 만한 친구들이 없어서 그냥 휴대폰 게임을 한다는 거였어요. 진우 엄마도 이미 알고 있었지요. 진우가 다시 축구를 하도록 축구 클럽을 알아봤지만, 진우가 거절했다고 합니다. 진우 엄마는 진우가 축구를 거절해 놓고 휴대폰 게임을 붙들고 살면서 다시 축구 이야기를 꺼내는 건 변명일 뿐이라고 했습니다. 그리고 진우가 전학을 불만스러워하는데 서울로 이사 오게 된 게 자기 때문이라 말을 안 듣는 것이라고도 했지요. 사춘기가 시작되어서 더 그럴 것이라는 말도 덧붙였습니다.

상담은 진우가 학급의 몇몇 친구들과 자꾸 갈등이 생겨서 시작한 것인데 이야기를 나누어 보니 진우에겐 그보다 먼저 해결해야 할 문제가 있었습니다. 전학 이전 학교 친구들 그리고 그 친구들과 했던 축구에 대한 애도였지요. 진우는 친구들과 이별하고 축구도 끊었지만 아직 그로 인한 허전함과 그리움을 정리하지 못한 상황이었어요. 그래서 친구들의 빈자리를 다른 친구들이나 새로운 축구 클럽으로 채우기를 거부하고 다른 일에 몰두했던 것이죠. 문제는 진우와 친구들의 이별에 있었습니다. 그런데 진우 엄마는 진우의 문제를 자기에 대한 불만이나 사춘기의 반항으로 여기며 진우와 힘겨루기 중이었지요.

진우의 사례는 아이들이 좋아하고 소중히 여기던 것을 상실하거나 포기할 때 겪는 슬픔과 어려움을 잘 보여 줍니다. 어른이든 아이든 자기 것을 잃은 사람은 마치 자신의 일부를 잃은 듯 힘들고 고통스럽습니다. 다만 아이보다 경험이 많은 어른은 그 경험을 통해 알고 있는 것이 있겠지요. 어른이 경험을 통해 알게 된 것은 무엇일까요? 상실된 것은 대부분 일정 시간이 지나면 다른 것으로 대체될 수 있다는 사실입니다.

자기 걸 내놓으라는 엄마의 말에 아이가 내놓지 않고 버틴다면 이는 엄마 말을 듣지 않는 게 아니라 자기 것을 놓는 것이 슬프고 고통스럽기 때문입니다. 하지만 언급했듯이 아이가 성장하려면 이런 상실과 포기가 반드시 동반되어야 하니 아이는 결국 그것을 놓아야 합니다. 결국에는 그것을 박탈당해야 하지요. 이때 박탈을 어떻게 해야 감당할 수 있을까요? 당연히 박탈의 과정이 너무 고통스럽지 않아야 합니다. 박탈은 있지만 상실감이 너무 오래 잔존하지 않아야 하겠지요. 방법은 무엇일까요? 상실된 대상에 대해 애도가 이루어져야 합니다. 그래서 슬픔이나 고통이 사그라들고, 그 대상을 다른 것이 대신해야 하지요.

우리가 흔히 생떼를 쓴다고 하는 아이의 모습을 보지요. 더 이상 젖을 빨지 못하는 아이, 장난감 기차를 뺏긴 아이, 아끼던 물건이 깨진 아이…… 아이들은 얼굴이 빨개질 정도로 소리를 지르거나 통곡합니다. 그 정도로 자기 것을 잃는 게 두렵고 고통스러운 것입니다. 엄마는 아이에게서 바로 그 자기 것을 빼앗으려는 사람입니다. 아이가 그런 고통을 당하지 않으려면 엄마는 아이가 뺏긴 것에 대해 애도하고 대체할 대상을 찾을 수 있게끔 지지하고 도와줘야 합니다.

이렇게 해야 아이에게 가진 것을 내놓으라고 하는

요구가 성공에 이를 수 있습니다. 아이가 자기 것을 내놓고 떠나감에 대해 애도하고 다른 대상으로 대체할 수 있게 해 주는 것. 애도와 대체가 없는 박탈은 성장을 위한 변화를 만들어 내지 못하고 아이를 상실감에 빠뜨릴 뿐인 실패한 박탈이 됩니다.

작은 상실에도 애도가 필요하다

애도와 대체는 어떻게 이루어질까요? 숨겨 둔 것이 자랑거리가 되는 서랍 속 마법으로 돌아가 보지요. 이는 우진이 이야기에서 잘 드러납니다. 우진이는 장난감 기차를 엄마 손에 내놓는 대신 벽장에 숨겼습니다. 기차는 이제 가지고 놀던 사용의 대상에서 벽장 속 보유의 대상으로 변했습니다. 우진이는 기차를 잃지 않고 기차의 기능만 잃은 것이지요. 그런데 여기서 마법이 일어납니다. 기차의 기능이 되살아난 것입니다. 단, 이번엔 이전과 다른 기능입니다. 방바닥에 레일을 깔고 그 위를 지나다니던 기능이 아니라 멋진 모습을 뽐내는 장식의 기능이지요. 장난감 기차가 장식용 기차로 대체된 것입니다.

상실한 대상을 향한 애도 작업엔 꼭 이루어져야 하는 핵심 사안이 있는데요, 사람과의 사별을 생각하면 좀 더 쉽게 이해할 수 있습니다. 첫째, 애도 작업은 그 사람을 전부 잃지 않아야 가능합니다. 사랑하던 사람을 죽음으로 잃었을 때 우리가 그나마 견딜 수 있는 건 그 사람을 기념할 수 있어서이지요. 그 사람을 완전히 잊고 지우는 것이 아니라 어떻게든 곁에 남기는 것입니다. 그래서 우리는 무덤을 만들고 사진이나 그림을 보관하고 이야기를 기억합니다. 기념일을 정해 영혼이라고 믿는 것을 정기적으로 기리며 감정을 표현하고 교류한다고 믿습니다.

몸이라는 물질적인 실체가 이미 사라지고 없는 상황에서 그 사람을 남긴다는 건 변환을 통해서만 가능합니다. 말, 이미지, 의례, 장소나 물건 등 그를 대신하는 모든 것이 동원되지요. 이리하여 애도 작업은 대체 작업이 됩니다.

둘째, 애도는 고인을 욕되게 하지 않아야 합니다. 그 사람의 명예를 최대한 지켜 고귀한 존재로 떠나보내야 합니다. 동서양을 막론하고 장례라는 의례가 복잡하고 엄숙한 예의와 격식을 갖추고 이루어지는 데에는 이유가 있습니다. 남겨진 자는 아름다운 이별만을 견딜 수 있습니다. 소중한 사람이 초라한 존재로 추락하는 것만큼 견디기 힘든 고통은 없습니다.

사별에 대한 애도 작업은 우리가 상실하는 모든 대상에 그대로 적용됩니다. 내게 소중했던 사물이나 사람은 항상 다른 대상으로 대체된 채 상실되어야 하고, 상실된 후에도 그 명예가 지켜져야 하지요. 이것이 우리가 이별이나 상실을 견딜 수 있는 방법입니다. 그래야 상실을 겪은 자, 자신의 소중한 일부를 잃은 자가 자신을 유지하고 지탱할 수 있습니다.

엄마가 아이의 것을 뺏지 못하거나 아이에게 심한 박탈감을 남기게 된다면 이유는 여기에 있습니다. 상실한 것에 대해 애도 작업과 대체가 잘 이루어지지 않았기 때문이지요. 아이가 좋아하고 아끼던 것이 더 이상 필요하지 않거나 금해야 하는 것이라는 이유로 가치를 하락시켜서는 안 됩니다. 또한 그것을 기억하지 못하게 흔적도 없이 말끔히 처리해서는 안 됩니다. 쉽게 말해 엄마는 아이에게서 뺏은 것을 바로 버려서는 안 됩니다. 그리고 그에 대해 험담하지 않아야 합니다.

얼마나 많은 아이들이 자기가 아끼던 것을 버린 부모에 분노하는지 모릅니다.

"엄마가 제가 갖고 놀던 카드를 버렸어요. 카드 때문에 제가 망했대요."

"엄마가 제가 좋아하던 옷을 촌스럽다면서 버렸어요."

"아빠가 그럴 거면 공부하지 말라고 하면서 제 책을 내다 버렸어요."

차라리 분노라면 괜찮습니다. 문제는 그런 분노 뒤에 감추어진 아이들 자신의 추락입니다. 자기 물건이 쓰레기처럼 버려지는 장면을 목격한 아이는 자기 자신이 무가치한 존재로 취급당하는 듯한 모멸감을 느끼게 됩니다. 내가 잃은 대상이 아름답고 소중한 것으로 지켜져야 남은 나 역시 그런 존재가 될 수 있습니다.

이제는 이해할 수 있을 겁니다. 왜 집에 어른의 손이나 눈이 닿지 않는 아이들의 비밀 공간이 아주 작게라도 있어야 하는지 말이에요. 아이들의 상실이 상처뿐인 고통이 되지 않고 관계의 변화를 만들어 낼 계기가 되기 위해서는 뺏긴 대상이 바로 쓰레기통으로 들어가지 않아야 합니다. 박탈은 보관, 망각, 대체를 통해 무언가 다른 것으로 바뀌게 됩니다. 그렇게 아이를 지켜 주는 동시에 대상과 새로운 관계를 열어 주는 게 아니라면 엄마가 실행하는 박탈이 무슨 의미가 있을까요? 엄마가 아이에게 손을 내밀며 가진 걸 내놓으라고 한다면 아이에게 빼앗기는 경험을 안기기 위해서가 아니라, 아이가 가졌던 것의 가치를 존중해 주고 다른 형태로 변환될 기회를 주기 위한 일이어야 합니다. 엄마의 빈손은 아이의 것을 거둬 가는 손이지만 그로 인해 빈손이 된 아이의 손을 맞잡아 줄 때 역할을 완수하게 됩니다.

엄마를 잃어버리며 이루어지는 성장

아이가 겪는 박탈 중 가장 중요하고 영향력이 큰 박탈은 무엇일까요? 놀랍게도 엄마의 박탈입니다. 아이가 성장하면 밀착되었던 유아기 때의 엄마를 잃어야 합니다. 흔히 엄마와의 분리라고 말하는 것으로 아이의 자립에 필수적인 사안이라고 모두가 인정하겠지요. 아이에게서 엄마를 빼앗아 가는 가장 대표적인 사람이 (아빠가 있는 가정일 경우) 바로 아빠입니다. 아빠는 아이 못지않게 엄마를 필요로 하는 사람으로서 아이와 엄마 사이를 갈라놓습니다. 라캉은 아빠의 쓰임새가 있다면 바로 이 지점이라고 말합니다. 아이에게서 엄마를 박탈해 가는 자이지요. 이 박탈에도 앞에서 언급했던 애도와 대체가 그대로 적용됩니다.

여기서 우리는 왜 그렇게 어린아이들이 엄마와 아빠의 관계에 민감한지를 이해하게 됩니다. 수많은 문학작품이나 영화, 드라마에서 볼 수 있고 정신분석 연구나 상담 현장에서 내담자의 말을 통해 확인할 수 있는 것은 아빠가 엄마를 사랑하지 않거나 존중하지 않고 거칠게 대하면 아이들도 엄마만큼 혹은 그보다 더 고통받는다는 사실입니다. 어린아이들조차 그런 상황에 서라면 엄마를 돕고 심지어 구원하고자 합니다.

엄마는 아이의 존재와 의미가 자리 잡았던 최초의 거처이면서 아이가 처음으로 사랑한 소중한 존재입니다. 아이는 그런 영유아기 엄마에 대해 애도 작업을 해내야 합니다. 그런데 엄마를 빼앗아 간 아빠가 엄마를 존중하지 않고 무시하거나 가치를 추락시킨다면 아이는 이를 견딜 수 없게 됩니다. 엄마와 더불어 자신의 존재 역시 무가치해지고 무시당하는 경험을 하면서 아빠에게 분노하고 다시 엄마에게 밀착하며 떨어질 수 없게 되지요. 가족의 문제를 해결하거나 책임지지 않고 엄마를 힘들게 하는 무능력한 아빠, 엄마에게 손찌검을 하거나 욕을 하는 폭력적인 아빠, 엄마를 존중하지 않고 무시하면서 으스대는 아빠. 그런 아빠에게 엄마를 맡기려는 아이는 없습니다.

엄마와 아이의 분리를 이야기하면 종종 받는 질문이 있습니다. 아이를 혼자 키우는 엄마는 아이와 분리되기 더 어렵냐는 질문입니다. 이에 대한 답은 정해져 있지 않습니다. 그럴 수도 있고 아닐 수도 있기 때문입니다.

아이를 혼자 키우는 엄마가 몰두하는 또 다른 대상이나 역할이 있다면, 혹은 엄마를 필요로 하는 사람이나 엄마가 믿고 의지할 수 있는 누군가가 있다면, 엄마가 존중받을 자리가 있다면, 아이는 안심하고 엄마와 분리될 수 있을 것입니다. 엄마가 혼자 살면서 자기를 키우느라 힘든 경우에도 아이는 엄마 곁을 떠나 엄마의 짐을 덜어 줄 수 있습니다.

그런데 엄마 곁에 있는 누군가가 엄마를 모욕하고 짓밟는다면 아이는 물리적으로 혹은 심리적으로 엄마 곁을 떠나기 어렵습니다. 엄마에 대해 적절한 애도 작업을 이루지 못하고 엄마와 함께 그 모욕을 뒤집어쓰고 추락하기 쉽습니다.

우리는 아이가 실제로 가진 것을 달라고 하면서 박

탈하는 엄마, 그리고 종국에는 역으로 박탈의 대상이 되는 엄마에 대해 이야기했습니다. 그 과정에서 아이가 애도와 대체 작업을 적절히 수행해야 한다는 점도 주목했지요. 하지만 엄마의 박탈 이야기는 여기서 끝나지 않습니다. 엄마가 아이에게서 가져가는 것은 이게 다가 아니기 때문이지요. 엄마는 아이에게 다른 방식으로 또 다른 어떤 것을 빼앗아 갑니다.

5장

엄마가 전하는
사랑의 말

● 엄마가 아이에게 하는 말은 아이에게 중요한 영향을 끼칩니다. 무엇보다 엄마의 말이 먼저 아이의 모습을 설명하고 규정할 수 있다는 점에서 그렇습니다. 칭찬을 할 때도 아이의 잘못을 지적하고 훈육할 때도 그런 말의 특성을 고려해야 하지요. 그렇다면 엄마의 말은 어떻게 전해져야 할까요?

인간은 말하는 존재입니다. 여기서 주목할 점은 순서입니다. 어린아이가 스스로 말하기 이전에 사람들이 먼저 아이에 관해 말합니다. 그중 가장 먼저 아이에 관해 말하는 사람은 대체로 엄마이지요. 아직 언어를 모르는 시절 아이는 다른 사람들, 특히 엄마가 이해하는 대로 해석되고 다루어집니다.

"둘째가 어려서부터 까다로웠어요. 배고프다고 울어서 젖을 줘도 계속 울고, 내내 가지고 놀던 장난감도 어느 날은 싫다고 떼쓰고, 밤에도 잠을 안 자서 제가 정말 피곤했는데 그럴 땐 정말 뭐가 문제인지 도통 알 수가 없었죠."

어려움을 토로하는 도현이 엄마처럼 아이를 이해하고자 하는 엄마들은 종종 난관에 부딪힙니다. 아이는 자신의 상태를 직접 파악하고 언어로 옮겨 전달할 수 없으니 엄마는 일반적인 육아 지식과 아이와의 경험에서 알게 된 바를 토대로 추측하며 대처할 수밖에 없습니다. 아이가 무언가를 불편해하거나 원할 때 그것을 정확히 파악하기는 어려워요. 도현이 엄마의 말처럼 배고프거나 장난감이 필요하다고 추측할 뿐이지요.

아이는 엄마의 말을 듣고 자란다

말할 줄 모르는 아이는 아직 엄마 말에 답할 수 없습니다. 다만 엄마의 조치에 아이가 호응하는지 아닌지에 따라 상황이 달라질 뿐이지요. 아이들은 대개 문제를 해결하려는 엄마에게 반응합니다. 엄마가 "배고프지, 우리 아가?" 하면서 다가와 미소 짓고 어루만져 주면서 젖을 먹이면 만족하며 이전의 불편함이 해소되는 것이지요. 앞서 아이는 엄마가 제시하는 결핍과 충족의 메커니즘과 대상을 받아들인다고 했습니다.

아이가 엄마의 응답과 조치에 반응하여 만족하면 엄마는 기쁨과 자신감을 얻습니다. 엄마가 육아의 어려움과 고단함을 잠시 잊고 기운을 낼 수 있는 건 이렇게 아이가 자신에게 호응하여 즐거운 모습을 보여 줄 때이지요.

"첫째는 순하고 착해서 별로 힘들지 않았어요. 아이가 잘 크는데 무슨 걱정이 있겠어요."

힘들어도 자신의 노력이 헛되지 않고 결실을 이룬다는 확인이 엄마에겐 선물이 됩니다.

"우리 인수는 나랑 정말 비슷해요. 좋아하는 것도 싫어하는 것도 제가 다 알 수 있어서 쉬워요."

또한 아이의 호응이 아이가 자신과 다르지 않다는 증거가 되어 안도하기도 하지요.

실제 아이 상태가 어떤지는 확인할 수 없습니다. 양분을 취하지 않아도 되는 시간인데 먹을 수도 있고, 먹어야 하는 시간인데 먹지 않으려고 할 수도 있어요. 인간의 식욕이 본능에 맞춰 조절되지 않는다는 것은 잘 알려진 사실이지요. 아이도 마찬가지입니다. 만약 이렇게 아이의 생물학적 몸 상태와 심리적 몸 상태가 일치하지 않는다면 아이에게 무엇이 필요한 것인지 모호해집니다.

하지만 엄마가 어떤 해결책을 제시했을 때 아이가 이를 받아들인다면 아이는 자기 몸에서 일어나는 모호한 체험을 사람들이 공유하는 일반적인 맥락에서 이해하고 다루게 됩니다. 아이의 말보다 먼저 오는 엄마의 말이 가진 첫 번째 효과와 역할이 바로 여기에 있습니다.

간혹 어떤 아이는 그런 소통에 저항하며 제안을 받아들이지 않기도 합니다. 엄마가 여러 방법을 시도해도 흥미를 보이지 않거나 호응하더라도 만족하지 않은 채 계속 다른 문제가 있는 듯 굴기도 하지요. 또한 평소에는 쉽게 호응하던 아이도 특정 경우에 까다로워질 수 있습니다. 아이가 자신의 체험을 일반화하기를 거부하면 엄마는 노력에 반응하지 않는 아이로 인해 힘이 빠지고 아이가 예민하거나 고집이 세다고 여길 수 있어요. 자신감이 줄어들고 아이가 왜 그렇게 자신과 다른지 이해할 수 없게 되지요.

물론 아이가 매번 엄마의 해석에 저항 없이 순응해야 하는 것은 아닙니다. 때로는 자기가 원하는 바를 좀 더 주장하기도 해야 합니다. 그래야 고유한 감각이나 취향, 기호 등이 발달하고 원하는 바를 바로 포기하지 않고 지켜 내면서 적절히 표현하는 법을 찾아낼 수 있습니다. 하지만 아이가 타협의 여지를 전혀 보이지 않는 빈도가 너무 높거나 외부의 해석과 해법에 호응하기보다 거부하는 일이 훨씬 많다면 아이의 사회화 과정에 문제가 생길 수 있습니다.

아이를 규정하는 엄마의 말

엄마가 아이에게 하는 말의 두 번째 효과 역시 일상에서 계속 되풀이되는 것인데요. 아이의 정보를 아이에게 전달하는 것입니다. 엄마는 아이를 관찰하여 파악한 아이의 생김새, 습관, 재능, 취향 등을 아이에게 말합니다.

"부지런한 경민이."

"통통하고 귀여운 딸."

"그래, 경민이 너는 책임감이 강하지."

"네가 키가 많이 컸구나."

엄마는 아이에게 발견한 점을 말로 표현합니다. 그러면서 엄마는 무엇을 하는 걸까요? 내용은 천차만별이지만 엄마는 우선 아이를 다른 사람들의 속성에 기대어 생각합니다. 엄마가 아이에게 발견한 특징들은 모두 일반적으로 사람을 설명하고 규정하는 범주에 속하지요.

부지런한 경민이는 경민이가 다른 부지런한 사람들처럼 부지런하다는 이해를 바탕으로 합니다. 엄마가 이미 부지런함의 의미를 알고 있지 않다면 경민이를 부지런하다고 말할 수 없겠지요. 마찬가지로 '통통한'은 다른 통통한 사람들처럼 통통하다는, '책임감 강한'

은 다른 책임감 강한 사람들처럼 책임감 강하다는 뜻입니다. 그렇게 단어로 규정되면서 경민이는 다른 사람들과 같은 사람이라고 여겨집니다. 부정적인 의미를 지닌 속성도 마찬가지이지요. 게으른 경민이, 거짓말하는 경민이는 게으른 다른 사람들, 거짓말하는 다른 사람들과 같은 사람이 됩니다.

아이는 이렇게 인류에게 부여된 속성을 다른 사람들과 공유하면서 인간 사회에 속한 개인의 모습을 갖춥니다. 아이를 이런 범주 내에서 파악할 수 있다면 엄마는 안심하고 안도하지요.

"우리 아이가 다른 아이들과 같은 아이다."

일단 이것이 확인되면 가장 큰 염려가 사라집니다. 사회적인 테두리 안에 사는 사람은 누구나 기본적으로 원하는 바입니다.

"나는 다른 사람과 같은 사람이다."

엄마가 아이의 속성을 규정하는 건 아이가 일반적인 범주 내에서 이해되는 이들과 같은 사람이라는 걸 아이와 함께 확인하는 일입니다.

하지만 우리는 다른 사람과 같기만 한 사람이 되기를 원하진 않습니다. 그것이 안도감을 주기도 하지만 불안을 주기도 하지요. 비슷한 사람들 속에 자신의 가치가 묻힐 수 있기 때문입니다. 그래서 우리는 그저 여러 사람 중 하나가 아니라 특별한 존재로서 '다른 사람과 다른' 사람이 되기를 원합니다. 아이에 대한 엄마의 마음 역시 그렇습니다. 내 아이가 다른 사람과 비슷하기를 바라지만 또 한편으로는 특별한 사람이기를 바랍니다. 아이가 다른 사람들과 똑같다는 것에 기쁘기도 하지만 실망하기도 하지요.

다른 사람과 다르다면 어떤 사람일까요? 일반적인 속성으로 규정되지 않는 독특한 면모를 가진 사람일 것입니다. 그런데 이는 말 그대로 이질적인 것이기 때문에 타인에게 불안을 주거나 더 나아가 불길하게 여겨질 수도 있습니다. 즉 배제의 대상이 될 소지가 있지요.

이에 비해 사람들이 원하는, 남다른 사람은 주로 비교를 통한 상대적인 차이로 설명 가능한 사람입니다.

통상적으로 이해할 수 있는 범위의 다름이지요. 동질적이지만 차이가 나는 것, 혹은 더 낫거나 우수한 것이 그렇습니다. 단지 이질적인 것이 아니라 뛰어난 것으로 증명되면 배제의 대상이 아닌 찬미와 부러움의 대상이 됩니다. 괴짜와 천재는 한 끗 차이라는 말은 이런 맥락 안에 있지요. 유일하고 독창적이라 일반적인 관점으로는 이해할 수 없지만 그만큼 뛰어나다면 천재라고 불립니다.

이런 배경에서 엄마가 아이에게 어떤 속성을 부여하는 말은 은연중에 아이를 비교 선상에 세우며 더 좋은 것을 염두에 두게 만듭니다. 그래서 아이를 규정하는 말은 대개 칭찬 아니면 지적의 형태를 띠게 되지요. 물론 일정한 정도 내에서라면 이러한 말들이 아이에게 발전의 동기가 될 것입니다. 하지만 비교가 정도를 벗어나 과도해지면 족쇄가 될 수 있습니다. 지적뿐 아니라 칭찬도 독이 될 수 있지요.

아이가 생김새, 습관, 재능, 취향 등으로 규정될 때 생기는 또 다른 효과는 하나의 속성이 강조되면서 한 사람 전체의 가치가 간과될 수 있다는 점입니다. "너는 이런 애야."라는 식의 규정은 아무리 좋은 것이라고 해도 한 아이의 전부를 담을 수 없고 어느 한 부분만을 가리키게 됩니다.

엄마가 하는 칭찬이라면 아이는 일단 기분이 좋고 자랑스러울 것입니다.

"나는 정직해." "나는 키가 커." "나는 노래를 잘해."

하지만 같은 말이 반복되면서 강조된다면 효과가 달라질 수 있습니다.

때로는 칭찬도 독이 된다

중학생 기훈이는 집이나 학교에서 모두 규칙이나 과제를 성실히 따르고 수행했습니다. 어릴 때부터 말 잘 듣고 순하다는 칭찬을 듣고 자라 왔지요. 상담은 기훈이가 불안이 심하다고 해서 시작했습니다. 기훈이는 남들 눈에는 늘 잘하는 것처럼 보여도 자기가 생각한 만큼 해내지 못할 때마다 갑자기 온몸에서 무언가 빠져나가는 듯한 느낌이 들면서 심하게 두려워진다고 했습니다. 예를 들어 과제나 준비물 준비가 미흡했다는 것을 알았을 때, 학교나 학원에서 치른 평가에서 기대한 결과가 나오지 않았을 때 그랬지요. 그런 두려움이 중학생이 되어 심해지면서 학교 다니고 공부하는 게 전처럼 재밌거나 자신 있지 않다고 했습니다.

주변 사람들은 기훈이를 칭찬하고 응원해 줍니다. 잘못하는 일이 별로 없기 때문에 비난받거나 욕먹을 일이 거의 없었어요. 그런데 기훈이에게 중요한 것은 늘 결과의 확인이었습니다. 기훈이 스스로 좋은 결과를 바라기 때문이라기보다 부모를 비롯한 주변 사람들을 기쁘게 하고 기대를 무너뜨리지 않게 하기 위한 마음이 컸다고 말했지요.

기훈이는 주변 사람들에게 칭찬받고 사랑받으며 지내 왔는데도 불안한 걸 보면 자기가 정말 이상한 사람이 아닐까 걱정했습니다. 하지만 그런 불안은 기훈이 탓이 아니라 언어 본연의 효과 때문입니다. 말로는 존재 전체를 다 담아낼 수 없기에 생기는 소외 효과인 것입니다. 기훈이는 "나는 성실하고 공부 잘하는 사람일 뿐인 건 아닌데……."라는 생각과 더 나아가서 "내가 사랑받는 건 이것 때문일까? 내가 공부를 못하게 되면 사람들이 나를 미워할까?"라는 의문이 들었고 그 생각들을 말끔히 지워 낼 수 없었습니다.

물론 기훈이 엄마를 비롯해 주변 사람들의 마음이 그렇진 않았을 것입니다. 엄마가 자녀를 사랑하는 게 정직해서, 키가 크고 노래를 잘해서, 공부를 잘해서는 아니지요. 아니, 오히려 거꾸로입니다. 자녀를 사랑하면 자녀가 하는 것, 자녀가 가진 것도 모두 멋져 보이지요. 칭찬하는 마음은 처음엔 그렇게 출발합니다. 사랑하는 아이가 부른 노래이고 내 아이가 수행한 활동이라서 좋은 것이지요.

원래는 아무것도 하지 않아도 그저 내 아이이기 때문에 사랑했습니다. 그러다가 아이가 무언가 해내기 시작합니다. 춤도 추고 노래도 하고 말도 하고 글자도 배우지요. 그러면 부모는 내 아이가 만들고 해낸 것이기 때문에 좋아하게 됩니다. 그런데 이것들도 그 자체로 효과와 가치를 창조해요. 춤이나 노래, 말과 글은 본래 즐거움과 기쁨을 제공합니다. 그래서 춤추고 노래하고 말하고 쓰는 아이가 더 사랑스러워지지요. 그래서 칭찬하지 않고는 견딜 수가 없어서 감탄하면서 말하게 됩니다.

"넌 정말 멋져! 어떻게 그렇게 춤을 잘 춰."

"어떻게 그렇게 성실해."

"어떻게 그렇게 공부를 잘해!"

그러면서 엄마와 가족의 관점이 바뀝니다. 아무것도 안 하는 아이는 뭔가 부족한 아이처럼 보입니다.

"왜 가만히 있어? 춤추고 말 좀 해 봐, 그래야 더 예쁘지."

사실은 아이가 해서 좋은 것이었는데 관계가 역전되었어요. 이젠 아이가 사랑받으려면 꼭 그런 것들을 해야만 하는 것처럼 보입니다. 그리고 급기야 아이가 만든 결과물이 아이보다 더 우위를 차지하게 되지요.

처음에는 내 아이가 해서 좋았던 것들인데 이제는

아이가 만들어 내야 하는 결과물이 먼저 정해지고, 그에 도달하지 못하면 아이를 독촉합니다. 게다가 다른 아이들은 하는데 내 아이가 하지 않으면 뒤처지는 일이 되고, 여느 아이들과 비슷하거나 못하면 남다른 아이가 되지 못합니다. 결국 제대로 된 아이가 되려면 다른 아이들과 똑같은 것을 하되 더 잘하는 수밖에 없게 되지요.

아이를 억울하게 만드는 훈육

엄마가 아이를 규정하는 말은 아이의 실수나 잘못을 지적하기 위해 자주 쓰이고 때에 따라서는 아이에 대한 비난에까지 이릅니다.

"아이가 잘못한 것을 그냥 넘겨요? 제가 계속 참는 게 교육이라고 생각하진 않아요. 엄마라면 아이가 잘못한 걸 잘못했다고 알려 줘야죠."

제가 상담했던 한 어머니의 주장입니다. 옳은 말입

니다. 아이가 잘못한 게 있다면 잘못을 교정해서 나아지도록 지적해야겠지요. 이 말에는 문제 삼을 데가 없습니다. 그런데 이를 실행하면서는 문제가 생길 수 있지요. 아이가 한 잘못을 지적하는 게 아니라 아이의 잘못됨을 지적하거나 비난할 때 그렇습니다. 쉽게 말하면 죄를 미워하지 않고 사람을 미워할 때지요. 그런데 애초부터 아이를 겨냥해서 비난하려던 것은 아닌데 말을 하다 보니 그렇게 되는 경우도 꽤 많습니다.

중학생 희재가 상담실 문을 열고 들어오면서 한탄했습니다.

"왜 엄마는 이모랑 사촌 동생들이 와 있는데 그 앞에서 나를 혼내는 거죠? 창피해서 죽는 줄 알았어요."

희재는 친척들 앞에서 혼나는 게 수치스러웠다고 했습니다. 수치심은 타인의 시선에 노출될 때 생기는 감정 중 하나입니다. 우리는 내가 감추고 싶던 부족함이나 흠을 남들에게 들킬 때 창피해합니다. 엄마에게 혼나는 것과 엄마에게 혼나는 모습을 다른 사람들이 보는 건 같은 차원의 일이 아니지요. 소리 지르며 화내는 엄마 앞에 서 있는 모습을 남들에게 보여 주고 싶은 아이는 없을 것입니다. 자신이 진짜 잘못했다면 더 그렇습니다. 실제로 흠이 있는 것이기 때문입니다. 만약 잘못한 게 없거나 사소한 일이라는 생각이 들면 아이는 억울해집니다. 영문을 몰라 멍해지거나 부당하다고 느끼게 됩니다. 누구나 마음이 약해질 때가 있지요. 실수나 잘못을 저질렀을 때도 그렇습니다. 잘못을 깨닫는 순간 마음이 흔들리면서 불편해지죠. 그럴 때 다른 감정이 끼어들면 동요된 마음이 쉽게 그 감정으로 옮겨 가서 애초에 자기 잘못은 잊고 새로 생긴 감정에 몰입하게 됩니다. 잘못이 없지 않은 희재가 그 사실은 뒷전으로 하고 창피당한 일에만 열을 올리는 것처럼 말이지요.

희재의 엄마는 희재 자체가 잘못되었다고 비난할 의도는 없었을 겁니다. 그저 희재가 잘못한 것을 고치도록 알려 줘야 한다고 생각했을 테지요. 하지만 그것이 다른 사람 앞에서 이루어지면서 초점이 빗나갔습니다. 엄마는 희재를 겨냥하지 않았지만 희재가 화살을 맞았지요.

아이를 비난하고 창피하게 만들려는 것이 아니라 잘못을 알려 주고 바로잡으려 한다면 아이에게 반성하는 마음 이외에 다른 마음이 들게 해선 안 됩니다. 그건 원래의 목적에서 벗어나는 일이며 엉뚱한 결과에 이릅니다.

잘못을 지적하다가 다른 이야기로 넘어가는 것도 아이의 마음을 흔드는 일 중 하나입니다. 반성문을 쓰라고 해 놓고 맞춤법이 틀렸다고 지적하는 것처럼요. 이것을 이야기하다가 저것을 이야기하면 중요한 문제가 무엇인지 모호해지기 마련이지요.

가령 늦잠 자는 아이를 깨우다가 어제도 그랬다는 생각에 게으르다는 말이 튀어나옵니다. 게으르다는 말에 며칠 전 숙제를 늦게 낸 사실이 떠오르고 결국엔 혀를 차며 그렇게 일을 미루는 것이 아버지를 닮았다는 말까지 하고 말지요. 그렇게 되면 아이는 여러 이야기가 한꺼번에 나오는 바람에 무엇이 문제인지 혼란스럽고 예전 일로 혼나는 데 불만스러워집니다. 엄마가 아이를 깨우러 갈 때만 해도 그런 생각은 머릿속에 없었는데 말을 하다 보니 저절로 그렇게 되었을 수 있어요. 어떤 말을 하고 나면 그 단어나 표현과 연결되어 생각이 확장되는 말의 특성 때문입니다. 과거의 일이나 물건, 장소, 사람 등 무언가가 연상되는 것입니다. 하지만 그런 연상 작용으로 주제가 너무 광범위해지면 아이가 잘못을 인정하고 반성할 기회를 잃을 수도 있습니다.

중학생 경훈이는 생활 습관이 제대로 갖춰지지 않아 엄마와 갈등이 많습니다. 상담은 본인이 잔소리를 너무 많이 해서 경훈이가 상처받은 것 같다는 엄마의 걱정으로 시작됐습니다. 하지만 경훈이 말을 들어 보니 그게 아니었지요. 경훈이에게 엄마의 잔소리는 문제되지 않았어요. 기분이 좀 안 좋긴 해도 자신의 잘못에 대한 것이니까 고민거리는 아니라고 했습니다. 아이들은 지금 여기에 해당하는 잘못을 이야기할 때까지만 해도 그런 지적을 납득합니다. 물론 잘못을 지적당하는 일이 유쾌하진 않겠지만 자기 존재를 겨냥하여 비난한 것은 아니기 때문이지요.

엄마가 아이의 잘못을 지적할 때는 이런 말의 연상을 이해하고 조절할 수 있어야 합니다. 자기도 모르게 용건에 집중하지 못하게 만드는 말의 특성에 유의해야 하지요. 그러지 않으면 아이의 잘못이 아니라 아이 자체를 겨냥하고 아이를 잘못된 존재처럼 규정할 수 있습니다. 방 청소를 하지 않은 아이에게 더러운 애라고 하거나, 숙제를 안 한 아이에게 불성실하다고 하거나, 약속을 어긴 아이에게 이젠 믿을 수 없다고 한다면 아이는 자신의 가치에 타격을 입게 됩니다. 겉으로는 저항하고 부인해도 타인의 말이나 시선에 전면으로 반박할 수 있는 사람은 많지 않습니다. 사람은 누구나 자기 존재 가치에 확신을 가지기 어렵기 때문입니다. 게다가 엄마처럼 중요한 인물이 자기를 그렇게 규정한다면 아이는 그 말로부터 자유롭기 어렵지요.

말의 족쇄에 묶이지 않도록

언어의 본질적 특성으로 인해 생기는 다른 문제도 있습니다. 말을 통해 아이의 어떤 면이 표현되지만, 말이 놓치는 부분이 생기는 것이지요. 아이가 원하는 것을 해석하거나 아이의 특징을 규정할 때, 말로 옮겨진 모습이 그 아이 전부는 아닙니다. 물론 이것은 비단 엄마의 말뿐 아니라 모든 말의 효과입니다. 일례로 누가 나에 관해 한 말을 들으면 우리는 종종 약간의 허전함과 아쉬움을 느낍니다.

"맞는 말이기도 하지만 그게 전부는 아니에요. 나에겐 그 외에도 다른 것이 있어요."

그렇지만 엄마의 말은 다른 말들보다 좀 더 특별합니다. 언급했듯이 엄마는 아이가 말하기 이전부터 아이에 대해 먼저 말한 사람이고, 생애 어느 시기까지 아이는 엄마의 사랑과 뜻에 의지해서 살아가기 때문이지요. 아이가 아직 아무것도 이루어 내지 못한 상태일 때부터 엄마는 아이에게 이런저런 말을 건넵니다. 쉽게 말해 어린아이는 "나는 엄마가 말한 게 전부가 아니에요."라고 항의조차 할 수 없는 상황이 태반이고, 항의한다고 해도 "그럼 네게 뭐가 또 있는데? 너는 뭔데?"라고 물으면 답할 거리가 없습니다.

사실 이런 상황이 성인이라고 크게 다르진 않습니다. "너한테 또 뭐가 있는데?"라는 질문에 "나는 이러저러한 사람이야."라고 당당히 외칠 수 있는 사람은 많지 않지요. 설령 그렇게 답한다고 해도 진짜라고 스스로 확신하지 못합니다. 그래도 성인에겐 일상의 소소한 현실에서 답할 거리가 있습니다. "너는 파란색을 좋아하잖아."라고 하면 "아니, 난 노란색이 좋아."라고 하거나 "난 색깔이 중요한 사람은 아닌데."라고 말할 수 있지요.

아이는 엄마의 말 앞에서 이 정도도 대꾸하지 못하는 경우가 많고, 하더라도 무시당하기 쉽습니다. 엄마가 아이에게 말할 때 염두에 두어야 할 것이 있습니다. 자신이 건넨 말이 아이를 규정하지만 그 말이 아이를 대표할 수는 없다는 것, 아이에겐 다른 면이 있다는 사실이지요.

"너는 키가 커. (하지만 그게 전부는 아니지.)"

"너는 공부를 못해. (하지만 그게 전부는 아니지.)"

"너는 달리기를 잘해. (하지만 그게 전부는 아니지.)"

"너는 부지런해. (하지만 그게 전부는 아니지.)"

엄마의 말엔 이 괄호가 포함되어야 합니다. 엄마는 자신이 아이에게 말하면서 무언가를 만들어 주기도 하지만 무언가를 뺏기도 한다는 점을 기억해야 합니다. 아이가 말의 족쇄에 갇혀 지내지 않기를 바란다면 말입니다. 놓치는 부분이 있다는 사실이 간과되지 않아야 아이가 말로 환원되거나 완전히 일반화되지 않고 자신의 몫을 가진 채로 존재할 수 있습니다.

아이는 아직 자기가 잃은 부분을 대신해서 채워 줄 대상을 만들어 내지 못했기에 괄호의 자리에 이어서 덧붙일 말이 없을 수 있습니다. 엄마는 빈 괄호를 남겨 아이가 그것을 채울 말을 찾도록 길을 열어 주는 사람입니다. 그 내용을 찾아 채워 나가는 것이 아이의 삶이 될 테니까요.

6장

삶의 양식이
생기는 과정

● 아이가 학교에 가게 되면 '학생'이라는 정체성을 입게 됩니다. 하지만 이를 받아들이는 데에는 특별한 노력이 필요할 수 있습니다. 그러기 위해서 "나는 누구인가요?"에 대한 답을 사회와 연결해 주는 부모의 역할이 더욱 중요합니다.

아이가 자라면 엄마도 달라집니다. 영유아 자녀의 엄마와 성인 자녀의 엄마는 같은 엄마가 아니지요. 엄마의 역할과 아이와의 관계, 엄마 본인의 삶 등 모든 것이 변합니다.

영유아기는 생물학적 기능이 형성되고 언어를 포함해 삶의 기본 요소가 갖춰지는 시기입니다. 이 시기에 아기라고 불리는 존재는 엄마(혹은 엄마의 대체자)의 적극적인 보살핌을 받습니다. 영유아 자녀의 엄마는 아이의 삶과 밀접하게 연결된 많은 일을 하지요.

영유아 자녀의 엄마는 언제 어떻게 달라질까요? 엄마의 변화가 대외적으로 드러나는 건 아이가 자라서 집 외의 장소에서 다른 소속과 지위를 얻게 될 때입니다. 대표적으로 아이가 어린이집이나 유치원, 그리고 나아가 학교에 등록되어 원생이나 학생이 될 때이지요. 이때 엄마 역시 학부모라는 새로운 지위를 얻습니다. 학부모는 가족 내 자녀가 아니라 외부에서 원생이나 학생이 된 자녀와 관련된 지위입니다.

등교 거부하는 아이

"정우가 어린이집에 다니기 시작하면서 정우를 아침에 깨우고 챙겨 보내는 일이 너무 피곤했어요. 처음엔 갈 때마다 울어서 훨씬 더 힘들었죠. 정신이 없었어요."

아침의 실랑이부터 극단적인 사례인 등원·등교 거부까지, 아이 학교 보내기에 관한 엄마들의 숱한 증언에서 고민은 하나로 모입니다.

"어떻게 하면 아이가 스스로 알아서 어린이집이나

학교에 갈 수 있을까요?"

아이가 있는 집은 아침 풍경이 별반 다르지 않습니다. 스스로 일어나는 아이도 있지만 대부분 엄마가 아이를 깨워 밥을 먹이고 등원이나 등교에 필요한 것을 챙깁니다. 엄마는 아이가 어린이집이나 학교에 갈 준비를 해 주죠. 정우가 어린이집에 가기 싫다며 떼를 쓴 건 고작 네 살배기 때인데 혼자서 척척 준비를 마치고 집을 나설 수는 없었습니다. 아직은 엄마가 챙겨 주어야 했어요. 이는 정우 엄마도 잘 알고 있는 사실이지요.

그럼 정우 엄마는 왜 그렇게 힘들었을까요? 정우 엄마가 힘든 건 정우에게 밥이나 옷을 챙겨 줘야 해서가 아니라 정우를 매번 달래거나 혼내야 해서였습니다. 정우는 줄곧 등원이나 등교에 적극적이지 않았어요. 그리고 중학생이 된 지금도 여전히 질문하지요.

"가기 싫은데 왜 가야 하는 거죠? 공부해야 한다는 건 알겠어요. 어쨌든 그래야 일해서 돈 벌 수 있으니까. 그렇다고 꼭 학교에 가야 하는 건 아니잖아요. 어차피 학교엔 친한 친구도 없어요. 친구는 학교 안 가도 만날 수 있고요."

정우처럼 학교에 왜 가야 하느냐며 항의하는 아이들에게 이유를 친절히 설명해 주는 어른이 있을 겁니다.

"선생님과 친구들과 함께 지내면서 인간관계도 배우고 사회생활도 준비할 수 있으니까 가야지. 학창 시절 추억은 돈 주고도 못 사는 거야. 지나고 보면 소중했다는 걸 알게 될 거야."

하지만 이런 설득은 효과를 발휘하기 어렵습니다. 정우의 "학교에 왜 가야 해요?"라는 말은 정말로 학교에 가야 하는 이유를 묻는 게 아니라, 등교와 학교생활에 대한 불평입니다. 이런 불평은 정우가 등교를 자기 일로 삼지 않았기 때문에 생긴 것이지요. 정우가 거부하는 건 공부나 친구가 아니라 학교입니다.

6학년 현진이 역시 학교 다니는 게 싫다고 합니다.

"아침에 더 자고 싶은데 엄마가 깨우니까 짜증 나죠."

"학교는 지루하거나 시끄러워요."

학교 가는 게 그냥 싫다는 말이지요. 일찍 일어나야

해서 싫고, 재미없고 시끄러워서 싫답니다. 게다가 5학년 때 친구들과 문제가 생긴 이후로 더 심해졌지요. 학교에서는 일상의 다양한 갈등이나 불만이 생길 수밖에 없는데 현진이는 그럴 때마다 "내가 왜 이렇게 힘들게 학교에 다녀야 하냐고?"라는 생각이 들었어요. 크고 작은 문제를 겪을 때마다 등교 자체를 문제 삼았지요.

학교에 가는 걸 기정사실로 받아들이면 어려움이 생길 때 학교를 그만둘 생각보다 일단 그 어려움을 해결하고 싶다는 마음이 듭니다. 학교가 아니라 다른 경우도 마찬가지예요. 도저히 견딜 수 없는 괴로움을 겪기 전까지 사람들은 대체로 자기 자리에 머물면서 방법을 찾으려고 노력하지요. 정우와 현진이는 해결 대신 그 자리를 떠날 수 있기만 바랐습니다.

발달이나 기질로 설명되지 않는 문제들

아이의 성장과 변화를 파악할 때 신체적·정신적·정

서적 발달이라는 개념이 있습니다. 소위 정상적인 성장은 일련의 발달 단계를 거쳐 성숙한 수준에 이르는 것입니다. 아이가 몸의 기능, 지능과 행동 능력, 인지 작용을 제대로 습득하면 현실을 이해하고 적절한 사회적 역할을 수행할 수 있다는 것이지요. 성장에는 이런 발달이 요구되는 것이 맞습니다. 그런데 정상적인 발달을 다 이루었는데도 사회적 역할에 따른 규범을 지키고 관계를 만드는 사회화가 어려운 경우들이 있습니다.

정우와 현진이도 행동이나 지적 능력은 정상을 벗어나지 않고 오히려 우수한 편에 속했습니다. 그렇다면 기질적으로 게으르거나 고집이 세다고 해야 할까요? 아니면 의지가 없는 걸까요? 정우와 현진이의 부모들은 아이들을 그렇게 소개했습니다. 물론 아이마다 기질적 특성이나 의지의 정도가 다르고 그에 따라 삶의 모습도 다채롭게 나타나겠지요.

하지만 아이의 사회화에는 발달 상태나 기질보다 더 근본적으로 작용하는 사안이 있습니다. 학생이라 해도 학교 다니는 걸 불평하거나 늦잠으로 지각하기도 하고, 교칙을 어기거나 공부를 안 할 수 있지요. 그렇다고 그런 학생 모두가 학교를 그만두고 싶어 하진 않아요. 자신의 결정과 행동에 한계를 두고 학교를 그만둔다는 선택을 배제한 아이와 모든 문제를 학교를 그만두는 것으로 해결하려는 아이 사이에는 분명 차이가 있지요.

사실 아이와 학교는 그 자체로는 관계가 없습니다. 학교와 관계있는 건 아이가 아니라 학생이지요. 아이가 학생이 되어야 학교에 가는 걸 당연하게 받아들일 수 있습니다. 그런데 이렇게 말하면 왠지 이야기가 돌고 도는 것 같지 않은가요? 학생이 되어 학교에 다니게 된다고 했는데, 이제 학교에 가려면 학생이 되어야한다니 말입니다. 이야기가 맴돌지 않으려면 동어반복 같은 이 문장 속에서 학생이 된다는 것의 의미가 같지 않다는 점, 그리고 학생 되기의 과정이 일정한 순서에 따라 이루어져야 한다는 점을 분명히 해야 합니다.

아이가 배워야 하는 삶의 양식

아이가 학생이 된다는 첫 번째 의미는 외부에서 학생이라는 정체성을 부여한다는 뜻입니다. 학령기가 되면 아이는 의무적으로 학교에 다녀야 합니다. 이는 사회적이고 법적인 차원에서 일어나는 일이지요. 이에 비해 두 번째 의미는 아이 스스로 그 정체성을 인정하고 받아들인다는 뜻입니다.

학생이 되는 것에 관해 이야기하고 있지만 사실 이와 같은 과정은 살면서 지속적으로 겪게 되지요. 우리는 국적, 가족 관계, 인간관계, 직업 등과 연관된 정체성을 다중적으로 수임하는데 이는 기존 사회에서 이미 정해져 있는 것입니다. 아이부터 성인까지 삶은 이렇게 다양한 사회적 명명을 자신의 이름으로 삼으면서 이루어지지요.

여기서 살펴볼 것은 순서입니다. 한 개인이 정체성을 자기 이름으로 수용하는 건 그것이 먼저 자신에게 부여된 이후입니다. 되고 싶은 것이 있다고 자유롭게 될 수 있지는 않다는 뜻이지요. 우리가 어떤 이름으로 지칭되기 위한 첫 번째 조건은 사회적인 이름의 부여와 승인입니다.

한 프랑스인 남성이 자신을 외계인이라고 생각해 스스로 몸의 일부를 절단하고 보형물을 넣는 등 신체를 개조했다는 뉴스가 있었습니다. 대부분의 사람들이 이를 기이하다고 여길 겁니다. 그 사람은 스스로를 외계인이라고 규정했지만 인정되지 않았어요. 그것이 사회가 부여하는 정체성에 해당되지 않기 때문입니다.

누구나 외계인이 되고 싶을 수는 있습니다. 하지만 현실에서 이를 실행하는 사람은 거의 없어요. 그 대신 자면서 꿈을 꾸거나 글이나 그림으로 표현하지요. 사회적 명명과 승인이 기존의 개념 분류 체계에 맞춰 이루어지기 때문에 우리에겐 인간 범주에 속하는 것만 의미 있는 것으로 허용되지요. 이는 우리가 살아가는 현실의 한계인데 어린아이들 역시 이 한계를 알고 있습니다. 아이들은 로봇도 되고 기차도 꽃도 되지만, 전부 놀이나 게임, 상상이나 꿈에서지요. 현실에서 자기를 그렇게 규정하는 아이는 거의 없습니다. 아이들도 그것을 허구를 통해 다룰 줄 압니다.

사회적 명명의 또 다른 조건은 그것을 통해 삶에 일정한 양식이 생겨야 한다는 것입니다. 그 이름에 따르는 자격과 책임이 있다는 말인데요. 교육 기관에 다니며 배움을 수행하는 학생처럼 자격과 책임은 일정한 관점과 태도, 행동의 틀을 부여하고 우리가 그것을 실천하면서 의미와 가치가 만들어집니다.

우리가 흔히 사용하는 '-답다'라는 표현은 이와 관련되어 있습니다. 학생의 자격과 책임에 따라 생활 양식이 갖춰진 아이를 본다면 우리는 학생답다고 말할 겁니다. 엄마답다, 친구답다는 말도 마찬가지이지요. 사회적 명명에 따라 머무르는 공간, 만나는 사람과 관계의 양식, 갖춰야 할 지식과 태도, 해야 할 일, 지켜야 할 규범 등이 이미 정해져 있습니다. '학생 되기'의 두 번째 의미라고 했던 스스로의 수용에는 이처럼 학생 생활이라고 규정된 틀의 수용이 동반되어야 합니다.

"나는 학생이다."라는 인식은 내가 학생으로서 살아가는 방법을 알고 있고, 그것을 따른다는 뜻입니다. 반면, "나는 외계인이다."라고 선언한 사람에겐 외계인으로서 살아가는 방법, 그에 따른 생활의 틀이 부재하지요. 단지 외모를 외계인으로 만드는 것은 사회적인 명명과 같은 기능을 수행하지 못해요. 만약 그 사람에게 외계인이 아닌 다른 종류의 사회적인 명명이 없다면 그의 삶은 생활 양식이 갖춰지지 않아 혼란스러울 것입니다.

학생이라는 명명을 받아들이지 못한 아이들 사례에서도 간간이 이와 유사한 모습을 만날 수 있습니다. 학생을 비롯해 사회적 명명 모두를 거부한 경우라면 아예 어떤 생활 양식도 마련되지 않은 상태겠지요. 생활 양식이 없다면 제한 없이 마음대로 살 수 있어서 편하다고 여길지 모르겠습니다. 하지만 실상은 다릅니다. 일정한 기준이나 관점, 태도가 부재하기 때문에 몸을 다루고 진정시키는 일부터 인간관계나 각종 일상사를 어떻게 해야 좋을지 모르는 채일 수 있어요. 무력감이

나 좌절에 빠지거나 혼란을 느끼며 불안에 휩싸이기
쉽지요.

"나는 누구인가?"라는 질문의 힘

학생이라는 이름, 그리고 그에 따른 자격과 책임은
기존 사회에서 만들어진 후 부과되기 때문에 아이들
각자에게는 이질적으로 느껴질 수 있습니다. 정우와
현진이도 학생이라는 정체성과 학교가 자기들과 무관
하다고 줄곧 주장해 왔지요.

아이들은 어떻게 그런 이질적인 이름을 받아들여
"나는 학생이다."라고 선언할 수 있는 걸까요? 우선 우
리가 마음속으로라도 "나는 누구이다."라고 말하게 되
는 건 언제일지 생각해 봅시다. 그건 보통 질문에 대한
답으로 주어집니다. 가장 먼저 나 스스로 묻는 "나는
누구인가?"가 있습니다. 그런 질문이 없다면 "나는 누
구이다."라는 말은 할 필요가 없겠지요.

나아가 이런 질문은 타인과의 관계를 전제로 합니다. 애초에 자격과 책임이 따르는 사회적 명명은 타인과의 관계를 상정한 것이지요. 따라서 "나는 누구인가?"라는 질문의 숨겨진 뜻은 "나는 타인에게 누구인가?"입니다. 여기서 타인을 뺀다면 굳이 '누구'라고 묻지 않아도 될 겁니다. 질문은 "나는 무엇인가?"로 족하지요. 이때는 타인과의 관계를 상정하지 않습니다. 현실에서 어른들도 이렇게 '무엇'이 되는 경험을 합니다. 관계 속의 사회적 역할과 책임을 벗어나서 내 몸과 영혼의 자유로움을 느낄 때 우리는 무엇이 되었다고 표현하지요. 나는 고요한 호수가 되기도 하고, 광활한 바다가 되기도 하고, 단단한 바위나 살랑거리는 바람이 되기도 합니다.

아이가 "나는 학생이야."라고 말하게 되려면 우선 "나는 누구인가?"라는 질문을 타인과의 관계 속에서 해야 합니다. 그 최초의 인물은 엄마이겠지요.

"엄마, 엄마에게 나는 누구예요?"

이것이 사회화의 첫걸음입니다. 아이가 나는 누구인

지 스스로 찾거나 정하지 않고 엄마를 향해 묻기. 그래야만 엄마가 주는 답으로 아이가 자기 존재를 사회와 연결할 수 있지요. 또한 궁지나 난관을 만났을 때 타인에게 해결책을 물어 답을 구하게 되고요. 모르는 것에 대해 묻고 앎을 얻으면서 아이는 배움의 길로 들어섭니다. 그런데 아직 의미의 세계에 충분히 진입하지 못한 어린아이가 자기 존재의 의미를 어떻게 질문할 수 있을까요? 물론 아이는 아직 질문하지 못합니다. 아이가 먼저 묻는 것이 아니라 엄마가 먼저 답해 주어야 하지요. "너는 나의 아이야."

생애 초기 엄마의 응답은 아이의 호출보다 선행합니다. 아이가 몸의 자극이나 흥분 때문에 나타내는 반응에 엄마는 자기를 부르고 무언가를 요구하는 것이라 해석하고 대상을 주면서 먼저 응답하지요.

이때 엄마는 아이에게 욕구의 대상을 제공하기만 하지 않습니다. 필요한 대상을 엄마에게서 얻는다는 점에서 아이는 엄마와도 관계 맺습니다. 엄마가 나타나기를, 답해 주기를 기다리는 것이지요. 이 응답을 감정적인 차원, 즉 아이 옆에 머물면서 호응해 주는 것으로만 해석하면 아이는 엄마의 응답에 매달려 자기 존재를 거는 악순환에 빠진다고 했습니다. 물론 이런 응답 역시 중요하지만 핵심은 아이와 엄마가 결국은 그 굴레를 벗어나야 한다는 것입니다. 이와 관련해서 앞서 살펴본 것이 엄마와 아이의 분리입니다.

그런데 엄마와 아이는 이 모든 과정을 말로 나눕니다. 말의 기능과 효과엔 다양한 면모가 있는데 그중 아직 우리가 강조하지 않은 측면이 있어요. 바로 지식의 전수입니다. 아이는 필요한 것을 말로 요구하면서 엄마가 대상 말고도 말을 주기를 원합니다. 엄마가 옆에 있어 주기를 바라는 것과는 또 다른 측면이지요. 이때 엄마는 아이에게 그 대상과 아이가 어떤 관련이 있는지, 어떻게 연결되는지를 알려 줄 수 있습니다. 엄마는 아이가 아직 요구하지 않았지만 지식을 담고 있는, '알려 주는 말'을 먼저 줄 수 있는 사람입니다.

엄마의 말에서 시작되는 배움

이 시기 엄마의 말엔 두 가지 특징이 있습니다. 첫 번째는 그야말로 창조의 말이라는 점입니다. 아이가 엄마의 말을 통해 무언가를 알게 되면 자기 자신과 세상을 발견하고 만들어 갈 수 있지요. 아이는 엄마의 말을 통해 세상을 이해하기도 하고, 무엇을 하고 어떻게 살아갈지도 알게 됩니다. 이는 사소한 일부터 시작됩니다. 예를 들어 넘어진 아이는 엄마의 말을 통해 그것을 "넘어진다."라고 지칭하고, 급하게 뛰면 넘어질 수 있다는 것을 깨닫습니다. 넘어진 후의 느낌을 "아프다."라고 표현한다는 것, 상처에 약을 바른다는 것, 시간이 지나면 상처가 사라진다는 것 등도 알게 되지요.

엄마가 알려 주면 아이는 살아갈 줄 알게 됩니다. 지식의 전수가 왜 글이 아니라 사람 사이의 말로 시작되어야 하는지의 이유가 여기 있지요. 아이에게 전달되는 최초의 지식은 살면서 실제로 겪는 일에 관한 것, 한마디로 쓸모 있는 지식이기 때문에 현장에서 직접 알려 주는 사람이 있어야 해요. 이렇게 아이의 삶을 실제로 창조하는 지식은 또 다른 차원에서 의미가 있습니다. 아이가 엄마에게 대상 말고도 지식을 요구하게 되는 것이지요. 다시 말해 아이가 질문하기 시작합니다.

두 번째 특징은 엄마가 알려 주는 말이 객관적인 지식이 아니라 엄마의 지식이라는 점입니다. 물론 대부분은 엄마 역시 사회에서 타인으로부터 배운 지식일 겁니다. 그런데 지식을 얻을 때와 사용할 때는 차이가 있지요. 지식을 사용할 때 나 자신이나 상대방의 입장, 혹은 주변 상황 등 어떤 변수에 따라 우리 나름대로 해석을 더합니다. 해석이라고 했지만 오해일 수도, 변형이나 부연일 수도, 비유일 수도 있어요. 별것 아니라고 하더라도 분명 차이가 생기지요. 실행할 때도 그렇고, 말로 전달할 때도 그렇습니다. 우리는 각자 다른 말을 사용해서 문장을 만드니까요. 엄마의 지식이라고 했을 때 뜻하는 바는 바로 이것입니다. 엄마가 자신이 얻은 지식을 실행하거나 말로 전달하면서 덧붙인 엄마의 몫. 아이는 엄마의 말로 엄마가 전달하는 객관적인 지식뿐 아니라 엄마가 그것을 이용하고 해석하는 법도 함께 배웁니다. 아이도 나중에 그렇게 할 수 있게 되지요.

나아가 엄마가 지식을 전달할 때 아이의 마음, 아이의 상태를 살핀다는 점도 주목해야 합니다. 엄마는 아이를 아는 사람이기에 지식에 아이를 무조건 맞추려고 하지 않습니다. 엄마의 목적은 지식을 전달하는 데 있는 게 아니라 아이가 그것을 알게 되는 것, 그래서 삶을 잘 살아가는 것에 있기 때문이지요. 그렇기에 지식을 알려 주는 엄마의 말은 아이를 향한 사랑의 말이기도 합니다.

아이가 무언가를 배우기 시작하는 건 이렇게 엄마의 말로부터입니다. 엄마의 말은 지식과 사랑을 결합하여 아이에게 전달하고, 그 사랑 덕분에 아이는 이전에는 자기와 관련 없다 여겼던 외부의 지식을 자신의 것으로 마음 놓고 체험하며 받아들이게 됩니다. 그런 과정을 통해 삶을 살아가기 위해서는 나에게 일어나는 일을 이해하고 해결하는 데 쓰일 지식이 필요하다는 사실을 깨닫게 되지요. 아이가 생물학적인 몸의 작용을 외부의 대상을 요구하는 욕구로 바꾸듯이 무언가 모르는 것과 대면하게 되면 알고자 하는 욕망이 생기는 것입니다.

아이의 존재를 깨우는 엄마의 부재

아이가 어떤 상황에 부딪혀 어떻게 해야 할지 모를 때 엄마를 바라보며 묻습니다. "내가 어떻게 해야 하죠?" 그리고 이때 "나는 누구예요?"라는 질문도 생겨납니다. 후자의 질문은 엄마의 부재라는 특정한 조건에서 발생합니다. 엄마는 아이 옆에 있지만 아이 옆을 떠나기도 해야 합니다. 사실 이는 당연한 일인데요. 엄마에게도 다른 삶, 다른 사람과의 관계가 있고, 일정 시기가 되면 아이를 밀착하여 보살피지 않아도 되니까요.

아이는 자신에게 응답하지 않는 엄마의 부재를 경험

하면서 좌절감을 느낍니다. 그리고 궁금해집니다.

"엄마는 나 말고 뭘 원하는 거지?"

이때 아이에게 '나 말고' '내가 아닌'이라는 범주가 생겨납니다. 아이의 세상은 아이 자신이 중심이었는데 그것이 깨지면서 내가 아닌 다른 것으로 주의가 돌아가지요. 엄마가 아이를 두고 떠나지 않는다면, 엄마가 다른 것에 관심을 두지 않는다면 아이가 그것에 관심을 둘 이유가 없습니다. 다른 것에 대한 관심은 엄마의 부재라는 궁지를 모면하기 위한 모색이지요.

"엄마가 왜 그것 때문에 나를 떠난 거지?"

이때 조건이 있습니다. 우선 엄마의 부재가 아이를 실제로 좌절시켜야 합니다. 엄마가 없는 동안 아이가 그 영향을 받아야 하지요. 또 다른 한편으로는 그 좌절이 희망을 앗아 갈 정도로 크지는 않아야 해요. 그렇게 되면 아이는 엄마의 사랑을 되찾아 오려는 시도를 포기할 수 있으니까요. 따라서 엄마는 자리를 비웠다가도 다시 아이에게로 돌아와야 합니다. 달리 말하자면 엄마가 다른 사람을 사랑해도 그로 인해 아이가 밀려나지 않아야 하지요. 단, 그 때문에 엄마와 공유하지 못하는 것이 생겨야 해요. 그래야 아이가 그 사람을 부러워하게 되겠지요.

전통 사회에서 엄마는 남편(아이의 아버지)을 공경하고 따라야 했습니다. 그런 상황이라면 아이는 엄마가 원하는 것, 엄마가 사랑하는 대상이 아버지라고 믿게 됩니다. "엄마는 무엇을 원하는 거지? 엄마의 사랑을 계속 받으려면 나는 누가 되어야 하지?"라는 질문에 대한 답이 주어지는 것이지요. 아이는 아버지처럼 되기를 원하게 됩니다. 전통 사회에서 아이들이 부모에게 순종하고 가문의 법을 따르면서 살아갔던 건 이런 맥락에서입니다. 그때부터 아이는 더 이상 '나'로 존재하기를 포기하고 '아버지'에 속한 누군가가 되기를 받아들이게 됩니다. 과거에는 아이의 "나는 누구인가요?" "나는 무엇이 되어야 사랑받을 수 있나요?"에 대한 답을 아버지의 세계가 갖고 있었습니다.

우리가 사는 현대 사회는 더 이상 가부장적 사회가 아닙니다. 일견 한국 사회는 여전히 그 잔재가 남아 있는 것 같기도 합니다. 아버지 가문을 중심으로 돌아가는 가족이 있고, 사회 전반적으로도 아직 여자보다는 남자가, 어머니보다는 아버지의 지위가 좀 더 높게 설정되어 있습니다. 하지만 자세히 들여다보면 과거의 가부장제와는 양상이 다릅니다. 이미 경제적인 의미와 가치가 우리 삶에 강력한 영향을 끼치고 있는데 가정 환경도 예외는 아니지요. 그리고 가문의 전통이 정한 의미와 가치가 자기 존재를 결정하는 것에 동의하는 사람도 거의 찾아볼 수 없지요.

그렇다면 이제 아이는 질문의 답을 어디서 구할 수 있을까요? 그건 엄마가 무엇을 중요하게 여기는지, 무엇을 원하는지, 무엇을 사랑하는지에 따라 달라집니다. 물론 아빠도 마찬가지입니다. 엄마 아빠와 자녀로 이루어진 현대의 핵가족 안에서는 사실 전통 사회에서 엄격히 나누어지던 것처럼 엄마 아빠의 역할이 양분되진 않습니다. 현대 사회에선 부모가 함께 아이를 사회와 연결하여 그 안에서 자신이 될 수 있는 것을 찾도록 해야 합니다. 아이가 사회 안에 자리를 잡고, 사회가 부여한 역할을 맡은 사람이 되어 그에 따라 사는 것을 바란다면 말이지요.

답은 엄마 품이 아닌 세상에 있음을

어린아이들의 삶에서 중요한 건 자기 마음에 들거나 필요한 것, 편안한 것 등 모두 자신의 즐거움이나 이로움에 관련된 것입니다. 물론 그것이 삶의 중요한 축을 이루지만 또 다른 한 축이 필요합니다. 사회적인 의미나 가치, 인간으로서 지켜야 할 도리, 다른 사람을 향한 관심이나 존중 등이 그것이지요. 말하자면 자기 존재의 가치와 삶의 의미를 사회와 연결하여 받아들이는 것입니다. 앞서 소개한 정우와 현진이에겐 이것이 만들어지지 않았습니다. 정우와 현진이는 자기 존재와 관련해 "나는 무엇이 되어야 하지요?"라는 질문을 엄마 아빠에게 하지 않았습니다. 상담을 통해 드러난 사실은 적어도 이 아이들의 눈에 엄마 아빠는 경제적 이익 외에 사회적 의미나 사랑하는 사람 등 다른 것들을 중요하게 여기지 않는다는 점이었습니다.

과거보다 훨씬 더 풍요로워진 현대의 부모들은 아이러니하게도 생업으로 인해 삶이 고되고 사람을 만날 시간이나 마음의 여유가 없다고 자주 밝히곤 합니다. 누구를 사랑하는지, 무엇을 소중하게 생각하는지, 세상에서 의미 있는 것은 무엇인지를 물을 때 큰 고민 없이 당당하게 답하는 어른들이 별로 많지 않습니다.

아이가 학생이 되어 학교에 가서 선생님과 친구를 만날 수 있으려면 부모가 먼저 학교가 의미 있는 곳임을, 선생님에게 배울 만한 것이 있음을 인정해야 합니다. 학교에서 아이들은 환경이 같지 않거나 관심사가 달라도 같은 반이라는 이유로 다른 아이들과 함께 시간을 보내지요. 아이들이 그 시간을 지루하거나 괴롭다고 여기지 않으려면 부모가 먼저 그렇게 다른 사람들과 보내는 시간의 가치를 인정해야 합니다. 부모가 세상을 사랑하고 존중하는 모습을 본다면 아이들이 궁금해하면서 질문하겠지요.

"엄마 아빠는 왜 세상에 관심을 갖는 거죠? 거기서 뭘 원하는 거죠?"

"엄마 아빠가 세상에서 찾는 것을 가지려면 나는 누가 되어야 하나요? 어떤 사람이 되어야 하죠?"

그렇게 아이들은 "나는 누구인가?"에 대한 답을 세상에서, 사회에서 찾을 수 있게 됩니다.

7장

아이를 지지해 줄
토대 만들기

● 　많은 부모들이 아이가 자립적인 생활을 할 수 있길 바라지요. 이를 위해서는 아이가 규율을 잘 받아들일 수 있도록 돕는 환경이 필요합니다. 규칙을 따를 수 있게 장소의 권위를 알려 주고, 일을 끝까지 해낼 수 있도록 성과가 아닌 의미를 짚어 주어야 하지요. 부모가 곁에 없어도 아이가 자신의 길로 나아가게 할 마음가짐을 만들어 주는 일 역시 보호자의 역할입니다.

아이가 엄마 몸과 밀착해 살던 영아기를 벗어나 스스로 말과 행동을 할 줄 아는 아동기에 접어들면 엄마와 아빠의 역할이 거의 동일해집니다. 그중 '보호자'라는 역할은 부모의 정의라고 할 수 있는 핵심이지요.

보호자로서 부모의 역할

아이가 성인이 될 때까지 부모는 아이의 보호자 자리를 지킵니다. 이는 아이가 성인이 되면 보호자 없이 살아가야 한다는 뜻이기도 하지요. 대부분의 부모는 여기에 동의합니다. 그래서 아이들이 청소년이 되면 "곧 독립해야 하니까 지금 열심히 살아야 한다."라고 말하기 시작해요.

"스무 살이 되면 용돈 안 줄 테니 네가 벌어서 살아. 부모한테 의존할 생각하지 마!"

아이가 부모에게 의존하지 않고 살려면 무엇을 준비해야 할까요? 대체로는 생활 수칙 지키기와 취직을 위한 자질 갖추기로 간추려집니다. 사회에 맞춰 자신을 조절할 줄 알고 일정한 능력을 습득해야 한다는 것이죠. 아이는 이를 위해 노력해야 합니다.

그동안 부모는 아이를 어떻게 보호해야 할까요? 부모의 보호를 두 가지 축에서 생각해 볼 수 있습니다. 하나는 말 그대로 아이를 보호하는 것, 다른 하나는 아이의 독립을 보호(보장)하는 것. 만약 부모가 아이의 보호자 역할을 평생 계속한다면 아이를 자신만의 고유한 삶으로 안내하는 역할은 포기하는 것이죠. 부모는 아이를 보호하지만, 때가 되면 이를 끝낼 준비도 병행해야 합니다. 이렇게 아이의 보호자 역할엔 아이의 독립을 보장하는 일이 포함되지만, 아이를 보호한다고 해서 꼭 아이의 독립이 지원되는 건 아닙니다. 현실에선 하나가 다른 하나의 걸림돌이 되기도 하지요.

엄마 말을 따라 사느라 자기는 할 줄 아는 게 없다는 초등학교 6학년 소윤이의 경우처럼, 소위 부모의 과보호는 아이의 독립을 방해할 수 있습니다. 소윤이는 입을 옷을 고르거나 가게에서 무엇을 살 때도 항상 엄마에게 물어봐야 한다고 해요. 보호와 의존이 혼동된 것이지요. 이와 반대로 아이의 독립을 독려하다가 아이를 충분히 보호하지 못할 수도 있는데요. 중학생 은정이는 전날 밀린 학원 숙제를 끝내느라 잠을 못 잔 데다가 감기까지 겹쳐 힘든 날에도 약 먹고 학원 가고 숙제까지 해야 한다는 엄마의 말에 울컥했다고 합니다. 자주 있는 일이라 익숙하지만 과연 엄마가 자기를 소중히 여기는지 의심된다고 했어요.

물론 하나를 위해 다른 하나가 멈출 수 있지요. 둘 중 하나를 강조할 수밖에 없는 상황도 분명 존재하고요. 하지만 심한 의존이나 소외감이 생기지는 않아야 하는데요. 그러기 위해선 아이를 직접 보호하는 것만으로는 충분하지 않습니다. 아이가 스스로 설 수 있도록 아이의 삶을 지지해 줄 든든한 토대가 필요하지요. 부모가 그런 기반을 만들고 지켜 준다면 아이를 보호하면서 동시에 독립시킬 수 있습니다. 부모가 맡았던 보호자 역할을 그 토대로 이양할 수 있기 때문입니다.

집이라는 심리적 거처

최초의 토대는 삶의 터전인 집입니다. 가족이 있는 집은 아이에게 아무 조건 없이 먼저 자리를 내주는 유일한 곳이에요. 집이 있다는 것 자체가 세상에 태어난 아이를 향한 깊은 환대라고 할 수 있습니다. 집은 그렇게 아이에게 심리적인 거처를 제공합니다. 심리적 거처는 아이에게 소속감과 안정감을 주면서 보호받고 존중받고 있다고 느끼게 하지요.

초등학교 5학년 현민이는 집에서 마음이 편치 않다

고 합니다. 자기는 제대로 할 줄 아는 것도 없는데 부모님이 자기 때문에 돈을 많이 써서 미안하다는 것이지요. 사실 이런 말을 하는 아이들이 꽤 있는데요. 생활 수칙을 제대로 지키지 않거나 공부에 집중하지 못하는 아이들이 이렇게 말했다고 하면 부모들은 의아하게 여기기도 합니다. 미안하면 잘하면 되는 일 아니냐는 것이죠. 집에서 지킬 최소한의 규칙들도 지키지 않으면서 미안해한다는 게 이해되지 않는다면서요.

아이들이 집에 대해 이야기하며 '부모님 집'이라는 말을 사용하는 경우가 있습니다. 현민이는 아빠 집이라고 했지요. "네가 사는 집인데 네 집이지!"라는 말에 눈을 동그랗게 뜨면서 그런 생각은 해 본 적이 없다고해요. 현민이는 집을 물리적으로 소유하고 있는 사람이 집의 주인이라고 생각합니다. 현민이에겐 집이 아무 조건 없이 머물 수 있는 공간도, 자기 집도 아닙니다. 현민이의 말처럼 집주인인 부모가 원하는 대로 하지 못하기 때문에 무언가 불편함이 있는 곳이죠. 그렇다면 아직 현민이에게 집은 심리적인 거처가 아니라

는 뜻인데, 마음 둘 곳이 없는 공간이라면 그곳에 부과
된 일들을 맡는 게 쉬운 일은 아니겠지요.

집은 사회적인 장소와 구분되는 사적 공간입니다.
잘하는 것이 없어도 가족이라면 집의 주인으로서 자
기 모습으로 머물 수 있는 곳이지요. 하지만 우리 사회
에선 아이들이 하교 후 집에서도 여전히 학생으로 살
아가고 있는 게 현실입니다. 부모는 아이의 학업과 학
교생활에 관심을 가지고 상의하고 개입도 할 수 있지
만, 이 때문에 아이의 심리적인 거처가 훼손되지는 않
아야 합니다. 학교에 다니더라도 집에서는 학생이 아
닌 아이 자체의 자리가 보전되어야 하지요.

그런 집은 아이에게 귀한 효과를 선사합니다. 가령
학교에서 곤란을 겪어도 집으로 돌아오면 마음이 풀
리는 것이죠. 곤란이 생길 때마다 모든 것을 떠안고 해
결해야 한다면 삶은 그만큼 복잡하고 힘들어질 겁니
다. 하지만 우리는 어떤 장소에 가는 것만으로도 그것
을 풀거나 잊을 수 있지요. 공원, 도서관, 해변, 극장, 미
술관 등 일상의 장소에는 그곳에 머무는 사람들에게

스며드는 특별한 기운이 있습니다. "공원에 다녀왔어요." "학교에 다니고 있어요." "해변을 걸었어요." 꼭 무엇을 하지 않아도, 꼭 누구와 함께 있지 않아도 그 장소에 있는 것만으로도 전달받는 기운이지요.

부모가 집을 그런 공간으로 유지하면 아이는 내 집이라는 삶의 토대를 갖게 됩니다. 아이는 집이 주는 위로와 안정을 누리면서 집을 아끼고 사랑하는 사람이 되겠지요. "집을 지킨다."라는 표현을 생각해 볼까요? 예전에는 집을 비울 때 다른 사람에게 집을 잠시 지켜 달라고 부탁하기도 했었어요. 이때 지키는 건 집 안에 있는 귀한 물건만이 아니라 집 자체이기도 합니다. 원래 집은 우리가 사용하는 공간일 뿐 아니라 아끼며 지켜야 하는 나의 일부 같은 곳입니다. 우리 집, 내 집이라는 표현은 그냥 만들어진 말이 아닌 것이지요.

집이 권위 있는 공간이어야 하는 이유

"방 청소는커녕 정리도 안 해요."

"주말이나 방학에는 집에서 뒹굴뒹굴, 아무 규칙도 없어요."

"학교에선 안 그러는데 왜 집에서만 그러는 거죠?"

꽤 많은 부모가 아이들이 집에서 보이는 무질서한 행태를 감당하기 어렵다고 호소합니다. 이때 부모들이 간과하는 점이 있습니다. 어떤 장소의 규칙과 질서는 단지 사람의 힘으로만 유지되기 어렵다는 사실이지요. 무엇이 더 필요할까요? 장소 자체에서 발휘되는 권위가 있어야 합니다. 아이들이 집에서만 뒤죽박죽 무질서해지는 것이 꼭 훈육이나 부모 자녀 관계가 잘못되어서는 아니라는 말이지요. 부모의 훈계나 설득만으로 아이들이 규칙 안으로 들어오기는 쉽지 않습니다.

집에서 제멋대로인 아이들도 학교나 공공장소에 가면 규칙을 잘 따르는 모습을 볼 수 있는데요. 상담소에서도 그렇습니다. 아이들은 의젓한 태도로 상담사와 이야기를 나누지요. 이런 차이가 나는 이유가 무엇일까요?

각각의 장소엔 그에 맞는 규칙과 질서가 있는데 이는 누가 알려 주지 않아도 감지되는 것입니다. 장소마다 고유한 분위기가 있고 사람들은 그 분위기에 영향을 받습니다. 아이들도 마찬가지죠. 아이들도 장소의 분위기를 느끼고 그에 맞게 행동할 줄 압니다.

문제는 집이지요. 집은 어떤 분위기일까요? 부모 뜻대로 아이들이 일과를 실행하고 정돈된 생활을 하려면 그렇게 하지 않을 수 없는 분위기가 있어야 합니다. 과거엔 그랬지요. 전통과 문화가 계승되며 각 가문의 고유한 분위기가 만들어졌습니다. 집은 현재의 가족만 사는 게 아니라 조상의 영혼이 깃든 곳이었지요. 규범은 물론이고 구석구석 놓인 가구와 가재도구도 선조의 유산이었던 시대, 그 유산을 따라 집은 이미 일정한 생활 양식을 갖춘 장소로 가족을 맞이했습니다.

현대 사회에선 이런 분위기가 조성되기 어렵습니다. 그래서인지 종종 과거를 그리워하는 부모들이 있지요.

하지만 각박한 경쟁 속에서 삶을 일구느라 지친 현대인에겐 안락한 분위기가 우선됩니다. 편의와 효율을 추구하며 발전하는 현대적 삶의 양태와도 맞물려 있지요. 집은 이제 안정과 위로의 장소가 되었습니다.

일반적으로 집은 용도를 기준으로 부모 방, 아이 방, 거실과 주방, 욕실 등으로 구분됩니다. 이런 구분이라면 효율, 편의, 위생 등과 관련된 규칙이 적용되겠지요. 부모들이 언급한 규칙도 그런 것이었습니다. 정리하기, 청소하기, 차례 기다리기, 양보하기, 약속 지키기, 서로 돕기 등이지요.

권위의 근거를 가문과 조상에 두었던 전통 사회라면 이런 구분만으로도 충분했겠지요. 그때는 "우리 집안에선 이게 중요해." "이건 증조부께서 만드신 건데……." "나도 어렸을 때 부모님한테 이렇게 배웠어." 라는 말들로 아이를 규칙으로 이끌 수 있었습니다.

지금은 이런 효과를 기대하기 어렵습니다. 현대의 가족은 집의 분위기를 직접 창출해야 하지요. 이를 위해선 문제를 다른 각도에서 접근해야 하는데요. 집의 공간을 아이에게 허용되는 곳과 금지되는 곳으로 구분하는 것입니다. 말하자면 금지 구역의 설정입니다.

규칙과 질서가 배어 있는 장소라면 모두 이 원칙을 따릅니다. 학교의 교직원 휴게실이나 회사의 보안 문서실처럼 특정 사람들만 출입하도록 제한된 곳이 있죠. 위엄을 갖춘 장소일수록 출입 조건이 까다롭기도 하고요. 물론 자유와 평등의 시대에 표면상으로는 금지의 장소들이 거의 사라졌습니다. 사회의 발전 자체가 우리가 갈 수 있는 곳들을 늘려 가는 것과 맞물려 있지요. 하지만 여전히 어떤 장소가 권위를 지키고자 할 때 금지의 영역이 필수적으로 포함됩니다.

집이 그런 장소에 포함된다는 것이 의아하게 여겨질 수도 있습니다. 하지만 집은 이런 점에서 매우 역설적인 곳입니다. 가족들의 심리적인 거처로서 편안하고 자유롭게 머물러야 하지만, 다른 한편으론 권위가 발휘되어야 하는 곳이지요. 집에서 아이들의 훈육과 성장이 일어나야 하기 때문입니다.

규칙의 안내자인 부모

아이는 아주 어렸을 때부터 공간의 허용과 금지를 '원래 그런 것'으로 경험해야 합니다. 부모 역시 그런 규칙이 집에 설정되어 있다고 여겨야 하고요. 그래야 공간 구분의 원칙과 금지 구역의 설정에 당위성이 생깁니다.

"여긴 네 방이야. 네 방은 네가 원하는 대로 지내도 되는 곳이야."

"엄마랑 아빠가 쓰는 방에는 함부로 들어오면 안 돼. 여긴 원래 그런 곳이야."

규칙을 부과하려면 논리적인 설명이나 친절한 설득이 아니라 권위가 필요하지요. 규칙이 주어질 때마다 매번 설명을 요구하는 아이들이 있습니다.

"왜 그래야 하는데요?"

그래서 설명을 해 주면 다시 질문을 하지요.

"그건 왜 그런 건데요?"

아이들의 끝없는 '왜'는 정말 그 이유를 묻는 질문이 아니라 그렇게 계속 파고 들어가면 결국 타당한 근거가 존재하지 않는다는 사실을 폭로하기 위한 것입니다. 한마디로 당황한 어른이 무력해지는 모습을 보려는 것이지요. 규칙을 지켜야 한다면 본래 그렇게 정해졌다는 이유만으로 충분해야 합니다. 이를 받아들이게 하는 것이 권위이지요.

그런 권위는 부모로부터 직접 나오는 것이 아닙니다. 부모 역시 규칙의 주인이 아니며 아이들과 똑같이 규칙의 적용을 받는 입장이기 때문이지요. 부모는 과거에는 가문과 조상으로부터 내려온 권위를, 현대에는 집 자체에 조성된 권위를 빌려 아이들에게 규칙을 안내하는 역할을 맡습니다. 이는 아이의 훈육에 있어서 매우 중요한 사안이지요. 부모가 이런 입장에 있어야만 아이와 한편을 이루어 규칙을 다루고 적용할 수 있습니다.

규칙이 먼저 있고, 부모는 그 규칙을 수용하고 실행한 자로서 아이에게 알려 주고 잘 따르도록 인도하는 것입니다. 할 일이 정해져 있고 부모도 이를 지키고 있다는 것, 그러니까 아이도 따라야 한다는 것을 알려 주어야 합니다.

"여길 쓰고 나면 이렇게 정리해야 한대. 그래서 나도 그렇게 하고 있어. 너도 이렇게 해 봐."

만약 부모가 이런 입장에 있지 않고 직접 규칙을 관장하는 주인이 된다면, "넌 이것도 못 하니? 해 봐."라며 명령하듯 시키거나 "밤에 우리 방으로 오지 말라고 했지? 너 때문에 잠을 못 자겠어."라며 다른 뜻으로 바뀌어 전달되게 됩니다. 이런 경우라면 부모가 규칙을 쥐고 아이와 맞서는 입장을 취하게 되지요. 규칙을 따르는 일에도 노력이 필요한데 부모까지 규칙 편에서 자기를 압박한다면 아이의 어려움은 배가 될 것입니다. 또한 부모가 규칙의 주인이 된다면 규칙의 적용을 벗어나게 되어 형평성이 깨지지요.

요컨대 부모가 아이를 훈육하길 원한다면 규칙의 토대와 권위를 외부에 두고 아이 편에 서서 아이가 그 영향권에 들어오도록 안내하는 역할을 맡아야 합니다.

아이의 영역을 존중하는 부모

허용과 금지의 원칙에 따라 자기 공간, 공동 공간, 부모의 공간으로 나뉘면 아이에게 집은 경계가 분명한 곳이 됩니다. 이렇게 경계가 있는 공간에 살면 가족은 하나의 융합체가 아니라 자립적인 개인의 집합이 되겠지요. 아이의 훈육이 제대로 이루어지고 각자가 자기 삶을 잘 일구어 나갈 수 있으려면 가족은 이처럼 서로의 경계를 존중하며 함께 모여 사는 집합의 형태가 되어야 합니다.

열두 살 우성이는 불안 증세가 심하고, 생활 수칙을 잘 지키지 못한다고 합니다. 그리고 어떤 일을 시작하면 끝내기를 어려워하죠. 예를 들면 미술 시간에 채 십 분도 못 되어 그림 그리기를 멈추거나, 밥을 먹다가 갑자기 식탁을 떠 버립니다. 어렸을 때부터 자기 물건을 정리하지 못했고 자주 잃어버리기도 했다고 해요.

우성이의 생활에는 규칙이나 질서가 없어 보입니다.

사실 그것이 우성이만의 이야기는 아니었지요. 우성이네는 부모, 우성이, 그리고 두 살 어린 동생까지 네 식구인데 방은 부모 방, 놀이방, 공부방으로 나뉘어 있다고 해요. 아이들이 놀이방에서 놀고 공부방에서 공부를 하다가 잠은 안방에서 부모와 같이 잡니다. 아이들 각자에게 방을 주지 않고 놀이방과 공부방으로 나눈 이유를 물어보니 우성이 엄마는 그게 더 편해서 그랬다고 합니다. 공부하는 데 집중도 더 잘되고, 청소와 정리도 더 쉽게 할 수 있어서라고요. 가족이 다 같이 자는 이유도 비슷했습니다. 잠자리 분리를 하려고 몇 번 시도했지만 아이들이 심하게 거부해서 포기했고, 다 같이 자면 냉난방비를 절약할 수 있고 등교 준비시키기도 더 수월하다고 했습니다. 말하자면 효율과 편의를 위해서였지요.

가족의 생활이 이렇게 효율과 편의를 중심으로 돌아가면 아이 역시 그것을 삶의 중심축으로 삼게 됩니다. 아이의 효율과 편의는 무엇일까요? 더 놀고 덜 고생하는 것, 만족을 최대화하고 불편을 최소화하는 것이 아

닐까요? 이런 효율과 편의의 논리에서라면 우성이가
규칙을 지키려고 노력하지 않는 것이 당연한 결과일
지도 모르겠습니다.

우성이네 집은 허용과 금지의 기준으로 공간이 나뉘
지 않았고, 부모와 자녀 사이에 경계가 없었지요. 아이
들이 놀 때 부모도 놀이방에서 함께 놀고, 아이들이 책
을 읽거나 숙제를 하면 부모도 옆에 앉아서 공부를 도
와주거나 주변을 기웃거립니다. 아이들이 아직 나이
가 어리니 부모가 지켜봐야 한다는 명목이지요. 이렇
게 되면 앞서 언급했듯이 부모가 금지의 권위를 빌려
아이들에게 영향을 끼치는 입장이 되기 어려울뿐더러
경우에 따라서 아이가 한 명의 개인으로 성장하는 데
방해가 될 수도 있습니다.

사소한 실수에도 좌절하지 않으려면

아이가 혼자서 어떤 일을 완결하는 경험은 중요합니

다. 노래 한 곡 부르기, 그림 한 장 그리기, 보드게임 한 판 하기, 그림책 한 권 읽기 등을 해내면서 하나의 단위를 완성하는 경험이 쌓여야 하지요. 그리고 스스로 완성하는 일상의 일들을 이렇게 하나하나의 묶음으로 만들어야 아이가 자신의 행동에 책임을 질 수 있게 됩니다. 단위가 생기지 않으면 책임도 질 수 없게 되지요. 책임의 범위를 지정할 수 없기 때문입니다.

아이들이 어떤 활동을 할 때 곁에 있는 부모는 아이들을 관찰하게 됩니다. 어떤 문제가 보일 때 부모는 그것을 지적하거나 도와주고 싶겠지요. 그래서 활동의 중간에 개입하게 됩니다.

"그건 이렇게 풀어야지."

"그렇게 하면 안 돼. 다른 방법을 생각해 봐."

좀 더 나은 결과를 만들거나 아이를 향상시키려는 의도일 것입니다. 혹은 아이가 힘들어지지 않게 하기 위해서일 수도 있겠지요.

하지만 부모의 이런 개입에는 함정이 있습니다. 두 가지 면에서 그런데요. 첫째, 그로 인해 아이가 스스로 진짜 활동을 만들어 나가지 못할 수도 있습니다. 활동이 시험처럼 변질되기 때문입니다. 왜 그럴까요? 아이가 활동하는 중에 문제를 발견한다면 부모가 그 결과를 이미 정해 놓고 있다는 말입니다. 일종의 목표처럼 도달해야 할 이상적인 결과가 있다는 것이지요. 그리고 부모가 문제를 지적하면서 개입하는 순간, 그 목표가 아이에게도 전달됩니다.

글쓰기를 예로 들어 볼까요? 아이가 쓴 문장을 보고 엄마가 조언하는 경우라고 해 보죠.

"그 단어 말고 다른 단어를 찾는 게 좋지 않아? 문장 순서도 좀 바꿔 보렴."

이런 말에 아이는 엄마가 원하는 문장과 단어를 신경 쓰게 됩니다. 진짜 자기 글을 쓰기 어려워지지요. 내 글이 아니라 엄마에게 인정받는 글, 좋다고 평가받는 글을 써야 하는 게 아닐까 하고 주저하게 됩니다.

둘째, 아이가 곤란이 생기면 중도에 포기하거나 심지어 해 보기도 전에 어려움을 예상하여 아예 어떤 일을 시작하지 못할 수 있습니다. 이는 첫 번째 경험이 반복되어 생긴 결과라고 할 수 있어요. 아이가 성장하면 부모가 옆에 없어도 해내야 하는 활동들이 있습니다. 하지만 문제가 생길 때마다 부모가 해법을 제시해 왔다면 혼자서는 해결할 준비가 안 되어 있겠지요. 아이가 어려움을 이겨 내지 못하고 포기하는 경우가 생깁니다. 또한 목표가 정해진 시험처럼 돼 버린 일은 중간에 실수나 문제가 발생하면 그 목표에서 멀어지기 때문에 실수나 문제가 아니라 실패로 여겨집니다. 일을 망쳤다는 생각은 계속해 나갈 용기를 사라지게 하지요.

요즘 아이들이 자주 하는 말에 "망했다."가 있습니다. 시험을 봐도 숙제를 해도 머리 모양을 바꿔도 "망했다."라는 말로 끝나는 거죠. 농담처럼, 한탄처럼, 때로는 진짜 절망처럼 내뱉는 건데 이는 결과에 대한 이상적인 이미지가 있기 때문에 나오는 말입니다. 문제는 그런 결과가 내 현실을 바탕으로 제안되는 게 아니라 외부에서 좋다고 여겨지는 기준을 처음에는 부모가, 이후에는 다른 사람들이 말 그대로 이상적으로 요구한다는 점입니다. 부모나 타인들이 보기에 충분히 능력이 있는 아이인데 무언가를 하기 어려워하고 극단적인 경우 아무것도 하지 않으려고 한다면, 어려움에 부딪힐 때마다 그것을 해결할 수 있는 실수나 문제로 생각지 못하고 복구 불가능한 실패로 느끼기 때문일 수 있습니다.

우성이가 어떤 일을 제대로 마무리하지 못하는 연유도 여기에 있었습니다. 사소한 일이고 작은 문제라 해도 그냥 망했다는 생각이 들었지요. 그런 생각을 말로 표현하지 못하고 짜증 내거나 투정을 부렸기 때문에 부모는 우성이가 왜 그러는지 이해하기 어려웠습니다. 곤란에 맞닥뜨려 어찌해야 할 바를 모를 때 "내가 이런저런 이유로 힘들어요. 좀 도와주세요."라고 말할 줄 아는 아이들은 흔치 않습니다. 우성이는 문제가 생기면 즉시 개입해서 해법을 제시해 준 부모로 인해 스스로 문제를 푸는 법을 배우지 못했습니다. 곤란을 해결하려면 어느 정도는 문제가 있는 채로 불편하고 어려운 시간을 견디며 노력을 들이는 과정이 필요한데 말이지요.

아이의 성과를 인정해 주기

목표를 벗어났다고 해도 일단은 그 활동을 완수해야 합니다. 그리고 목표가 정해지지 않은 일, 스스로 새로운 결과를 이루는 일을 하는 것도 중요합니다. 정해지지 않은 것을 만들어 내는 창의적인 사고와 융통성은 배움의 과정을 거치는 아이들에게 특히 더 귀한 자질입니다. 아이들은 내가 어떤 것을 어느 정도까지 어떻게 할 수 있는지, 얼마나 바랄 수 있는지 한계를 찾아야 하죠. 그러려면 여러 가지 다양한 활동을 자유롭게 시도해 볼 필요가 있는데요. 어떻게 해야 아이들에게 이런 탐색의 자유를 줄 수 있을까요?

무언가를 계속할 수 있는 건 활동이 재밌거나 성과가 있을 때입니다. 망했다는 생각을 한다면 계속할 수 없겠지요. 그렇다면 부모가 도울 수 있는 건 무엇일까요? 재미가 아님은 분명합니다. 상시적으로 부모가 아이를 즐겁게 해 준다는 건, 일상생활 속에서는 할 수도 없고 해서도 안 되는 일이지요. 아니면 부모가 아이의 성과를 보장해 주어야 한다는 말인데 이건 가능할까요? 성과에 대한 관점이 바뀐다면 가능합니다. 성과에 대한 관점은 어떻게 바꿀 수 있을까요?

우선 부모가 아이에게 목표가 없는 활동을 열어 주어야 합니다. 도달해야 할 결과가 정해져 있지 않은 활동이죠. 말하자면 예술 활동이나 놀이, 일상의 사소한 활동들입니다. 사실 예술 활동만 해도 이상적인 결과의 프레임에 묶이기 쉽습니다. 잘 그린 그림, 매끄러운 연주, 멋진 문장 등 모든 활동이 평가와 비교의 대상이 되곤 하지요. 하지만 이런 활동에 한해서만이라도 평가와 비교보다는 활동을 했다는 그 자체의 소중함을 체험할 수 있어야 하겠습니다. 부모가 활동의 성과를 인정한다는 사실을 아이에게 알리려면 어떻게 말해야 할까요?

흔히 하는 말은 "잘했어." "멋지네! 근사하다." "너는 어쩜 그리 잘하니." 등입니다. 이런 말들은 자연스럽게 평가하는 상황을 만들어 내지요. 잘해야 한다는 목표를 강조하는 말들입니다.

반면 있는 그대로의 결과를 인정한다는 의미를 전하는 말은 부모를 비롯한 다른 누군가가 그 결과에 영향을 받았다는 사실을 알려 주는 것입니다. 아이가 한 활동의 결과로 어떤 힘이 생겼고 그 힘이 다른 사람에게 영향을 끼쳤다는 것이지요. 간단하게는 호감을 표현하면서 알릴 수 있습니다.

"난 네가 그린 그림이 좋아."

"네가 만든 거 여기 놓고 좀 더 오래 보고 싶어."

"여기 이렇게 정리한 것 맘에 든다."

잘했다는 평가가 아니라 좋아한다는 고백입니다. 또한 그것으로 인해 변화가 생겼다는 사실을 말할 수도 있습니다.

"네가 쓴 글을 읽으니 엄마가 예전에 했던 이런 경험이 떠올라."

"민희가 너랑 놀았더니 신나고 기분이 좋아졌대."

"네 노래를 듣고 기분이 좋아졌어."

"네 이야기를 전했더니 아빠가 이런 이야기를 하더

라."

자신이 뭔가를 해서 부모와 우리 집에, 친구에게, 세상에 어떤 변화가 일어났다면 그 활동은 할 만한 가치가 충분한 것이 됩니다.

성과에 대한 관점을 바꾸는 두 번째 방법은 목표가 있는 활동에서 그 목표를 이루지 못했더라도 과정을 결과로 인정해 주는 것입니다. 우성이 형제가 공부할 때 우성이 부모가 옆에서 살폈던 이유는 학교나 학원 숙제처럼 아이들이 그날 끝내야 할 분량을 다 끝내도록, 그리고 내용을 제대로 숙지하도록 돕기 위해서였지요. 부모들에게 아이들이 할 일을 스스로 알아서 하도록 두면 좋겠다는 의견을 내면 어김없이 돌아오는 질문이 이에 관한 것입니다.

"그럼 숙제를 다 못 끝내고 진도를 다 못 마쳐도 그냥 두라는 이야기인가요?"

아이들이 목표를 이루지 못했을 때 부모는 어떻게 해야 하냐는 질문인데요. 어느 정도까지는 그냥 두어야 한다고 봅니다. 하지만 이것이 관심을 거두고 제멋대로 하도록 놔둔다는 뜻은 아니지요. 문제 열 개를 풀어야 하는 숙제가 있는데 다섯 문제만 풀었다면 숙제를 못 했다고 간주되는 경우가 흔합니다. 하지만 한 문제도 안 푼 것과 다섯 문제를 푼 것에는 분명 차이가 있지요. 이때 다섯 문제를 풀었다는 사실이 인정되어야 합니다. 세 문제, 다섯 문제, 열 문제 각각 그만큼의 성과로 인정되어야 흔히 말하는 차근차근 발전하는 과정이 가능해집니다. 이를테면 한 칸 두 칸 계단을 밟고 올라가서 높은 곳에 이르는 과정인 것이지요.

완전히 이루지 못하거나 목표를 달성하지 못했어도 아이가 노력한 과정에 대한 인정이 필요합니다. 이와 반대로 하지 않은 부분에 주목해 마치 아무것도 하지 않은 것처럼 노력을 무시하면 아이는 계단을 오르는 건 무의미하거나 두렵다고 여기겠지요. 아동·청소년 내담자들의 이야기를 들어 보면 계단 오르기보다 순간 이동이나 비상처럼 갑자기 높은 곳으로 뛰어오르고 싶어 하는 경우가 많습니다. 30점, 50점, 70점의 가치를 무시하고 100점이 아니면 0점이라고 생각하는 것이지요. 이런 경우라면 정말 잘할 자신 없이는 아예 아무것도 하지 않으려는 방어가 나타나곤 합니다. 실패에 대한 두려움 때문이지요.

아이들이 여러 가지 다양한 활동을 탐색하며 세상과 자기 자신에 대해 배워 나가려면 어떤 것이 잘 안 되었을 때 다른 것으로 이동할 수 있어야 합니다. 다른 활동을 해 보든 같은 활동에 대해 다른 시도를 해 보든 변화나 이동이 필요하지요. 이때 실패했거나 망했다는 결론이 나면 옮겨 가지 못하고 주저앉게 되지요. 그보다는 실수였다거나 부족했다거나 잘 맞지 않았다는 식의 해석이 필요합니다. 그런 해석은 아이가 그동안 여러 활동을 자기 힘으로 해냈다는 믿음이 있어야 가능하고, 이 믿음은 부모를 비롯한 타인의 인정과 함께 단단해지기 마련입니다.

부모는 아이 옆에 붙어서 지속적으로 개입하며 아이 스스로의 활동을 무의미하게 만드는 것이 아니라, 그 가치를 인정하면서 천천히 자신의 길을 나아가도록 응원해 주어야 합니다.

이때 잊지 말아야 하는 점은 부모에게도 그런 입장을 뒷받침할 토대가 필요하다는 사실이지요. 경계 없이 연결된 집의 공간은 그런 토대를 무너뜨리기에 십상입니다. 집은 가족 각자에게 금지와 허용의 경계를 만들고 규칙과 질서를 부과하는 장소가 되어야 합니다. 우성이 가족의 경우에는 우성이뿐만 아니라 우성이 부모도 아이들 방에 출입을 제한하고 아이들끼리 보내는 시간을 존중해야 하는 것이지요. 부모의 위치는 규칙 쪽에 있는 게 아니라 아이와 함께 규칙의 힘을 받는 쪽에 있다는 사실을 한 번 더 확인해야 하는 이유입니다.

8장

금지에서

배움으로

● 　지식은 실제 경험을 통해 얻는 것만으로는 부족합니다. 자기가 몰랐던 것을 세상으로부터 배우고자 바라는 것은 아이의 성장에서 핵심 사안이지요. 배움에 대한 바람은 부모가 아이에게 하는 최초의 금지, 성(性)의 금지에서 시작됩니다. 금지는 어른과 아이의 세계에 경계를 세우면서 아이를 책임질 수 없는 것으로부터 보호하는 동시에 아이로 하여금 알고자 하는 욕망을 갖게 합니다.

아이들의 성장에서 금지는 매우 중요한 역할을 합니다. 금지는 규칙에 따라 무언가를 하지 말라고 명하는 것인데요. 조금 더 엄밀하게 말하면 지니던 것을 뺏거나 하던 것을 못 하게 하는 게 아니라, 아예 처음부터 가지지 못하거나 하지 못하게 하는 일입니다.

부모들은 금지라고 하면 우선 유해한 것을 먼저 떠올립니다. 술, 담배, 폭력, 성인용 영상, 거짓말, 욕설, 인터넷 사용 등이지요. 부모는 아이들에게 그런 것들을 하지 말라고 강력하게 말합니다.

유해한 것의 종류는 두 가지인데요. 하나는 모두에게 유해해서 부모를 포함하여 어른도 하면 안 되는 것,

다른 하나는 아이들에게만 유해하다고 여겨져서 어른에게는 허락되는 것입니다. 따라서 전자에 해당하는 것을 아이에게 금하려면 부모 역시 하지 않아야 하고, 후자에 해당하는 것 역시 아이 앞에서는 되도록 보여주지 않는 편이 좋습니다. 그래야 부모도 아이와 함께 규칙을 지키는 사람이라는 점을 확인할 수 있고, 어른과 아이의 세계가 좀 더 명확히 구분됩니다.

금지가 불러오는 아이의 지적 욕구

금지가 꼭 무언가를 못 하게만 하는 건 아닙니다. 아이러니하게도 금지했다는 사실 때문에 오히려 무언가를 하게 만든 꼴이 되기도 하지요. 가장 쉽고 유명한 예로 성경 속 선악과 이야기를 들 수 있는데, 선악과를 먹지 말라는 신의 금지가 오히려 그 과일을 먹게 하는 동기가 된 것입니다. 왜일까요? 이는 금지에 앎의 문제가 개입되기 때문입니다. 금지는 하던 일을 못 하게 하는 게 아니라 한 번도 한 적이 없는 일을 못 하게 하는 것이라고 했습니다. 그러니까 신은 아담과 이브가 한 번도 먹지 않았던 선악과를 먹지 말라고 한 것이죠. 금지는 어떤 것을 금하기도 하지만 동시에 알려 주는 효과도 있습니다. 무엇을 알려 주나요? '네가 그것을 모른다'는 사실을 알려 줍니다. 그래서 금지를 당하면 깨닫게 되지요.

"나는 그것을 모르는데(나는 그것을 먹어 본 적이 없는데)……."

정신분석에서 이와 대비되는 분리(separation)라는 개념이 있습니다. 우리가 이미 살펴본 것이지요. 아이는 일정 시기가 되면 젖을 떼야 하고, 배변도 아무 때나 하지 못하게 됩니다. 그 외에도 아이가 어릴 때 하던, 몸에 만족을 주었던 것들 중에 못 하게 되는 것들이 있지요. 내 것으로 삼았던 것을 상실하기 때문에 분리라고 부릅니다. 분리가 되는 시기에 아이는 이미 그것을 몸의 경험으로 알고 있는 상태입니다.

"그건 내가 아는 것들인데……"

이처럼 자기가 아는 것을 분리하는 게 아니라 모르는 것을 금지당할 때 일어나는 반응을 보자면 "나는 그것을 모르는데 왜 하지 말라고 하지? 나랑은 상관없는 일이야."라면서 관심을 끊을 수도 있고, "나는 그것을 모르는데 왜 하지 말라고 하지? 그게 뭔데 그러지?"라면서 관심을 가질 수도 있습니다. 물론 이보다 먼저 금지를 따르느냐 어기느냐의 구분이 있겠지요.

그렇다면 금지에 대한 반응을 세 가지로 나눌 수 있는데요. 첫째 금지를 어기는 것, 둘째 금지에 따르고 관심을 끊는 것, 셋째 금지를 따르지만 그것을 알고 싶어 하는 것입니다.

먼저, 금지를 어긴다면 아이가 규칙에 순종하지 않는다는 것이지요. 금지가 아닌 분리의 경우에는 아이가 그것을 거부한다 해도 규칙에 대한 불응이라기보다는 자기 것에 대한 애착 때문이라고 볼 수 있습니다. 상실의 문제니까요. 그래서 우리는 아이가 분리를 겪을 때 겪는 슬픔과 고통을 이해해 주어야 한다고 했습니다. 하지만 경험한 적도 없고 알지도 못하는 것에 대한 금지를 어긴다면 그건 순전히 규칙에 대한 저항이지요. 이런 반응은 금지가 자신을 억누르고 방해한다고 여기기 때문에 생깁니다. 규칙이 삶에 질서와 안정을 부여하기 위해 작용한다는 점을 이해하지 못하는 것이지요.

두 번째, 금지에 따른 후 관심을 두지 않는 경우는 하지 말라는 것은 하지 않고 아무 변화도 일어나지 않는 상황입니다. 금지를 문자 그대로 받아들여 지키는 것입니다. 혹은 무관심일 수도 있지요.

세 번째는 금지를 따르지만 알고 싶어 하는 경우라고 했는데요. 이것이 무슨 뜻일까요? 금지 때문에 어떤 행동을 하지 못하게 되었는데, 그에 관해 궁금해하면서 탐색한다는 의미입니다. 행동이 금지되는 대신 지적 활동이 시작되는 것이죠. 여기선 금지의 두 가지 효과 중 무엇을 금하는 효과보다 너는 그것을 모른다는 사실을 알려 주는 효과가 더 강하게 작용합니다. 아이가 후자를 더 주목했기 때문이지요.

예를 들어 볼까요. 부모가 고장 난 싱크대를 고치려

고 공구를 꺼내면서 저쪽에서 장난감을 가지고 노는 아이에게 말합니다.

"지금 우리가 싱크대를 고치려고 하니까 이쪽으로 오면 안 돼. 드라이버랑 드릴을 써야 하는데 그게 좀 위험할 수도 있어."

싱크대 수리, 드라이버, 드릴에 관심도 없고, 그런 것들을 써 본 적도 없는 아이에게 부모가 금지를 행했습니다. 이때 갑자기 관심을 보이며 "왜요? 싫어요!"라며 가까이 다가오려고 하는 아이, "네!"라고 대답하고 무관심하게 놀던 것에 집중하는 아이, 그리고 "네!"라고 대답했지만 그런 공구들과 수리를 궁금해하는 아이가 있을 수 있습니다.

"엄마 아빠, 그런데 드릴이 뭐예요? 수리는 어떻게 하는 거예요?"

이 질문이 자기가 모르는 것을 알고 싶어 하는 질문입니다. 금지를 어기는 아이가 "왜요?"라고 묻는 저항의 방식과는 다른 차원이지요.

바닷가에 놀러 간 가족이 아직 물에 들어갈 수 없

을 정도로 어린아이에게 "물에 들어가면 안 돼. 넌 아직 수영할 줄 모르니까."라고 주의를 주는 경우도 마찬가지입니다. "왜요? 난 물에 들어갈 거야."라며 갑자기 고집을 부리는 아이, 알았다고 하고 관심을 안 보이는 아이, "네."라고 하면서 그럼 언제 수영을 할 수 있는지, 수영은 어떻게 하는 건지를 궁금해하는 아이는 서로 다른 수준에 자리 잡고 있다고 볼 수 있지요.

핵심은 세 번째의 경우입니다. 아이에게 근본적인 변화가 일어나지요. 어린 시절 삶의 중심축은 필요하거나 원하는 대상을 얻고 이를 이용해 만족을 얻는 것이었습니다. 무엇을 가질 수 있고 활용할 수 있는지가 관건이었어요. 그런데 여기서는 무언가를 알고 싶어하는 지적 활동으로 중심축이 이동합니다. 아이가 금지하는 부모에게 되묻습니다.

"네, 알겠어요. 그런데 나는 그걸 몰라요. 그걸 좀 알고 싶으니까 알려 주세요."

알고 싶고 배우고 싶은 마음

앎에는 두 가지 차원이 있습니다. 하나는 직접 체험해서 아는 것, 다른 하나는 배워서 아는 것입니다. 직접 체험해서 아는 것도 의미 있지만, 그것이 일반적이고 객관적인 관점에서 조절되지 않는다면 사회적인 의미로 확장되기 어렵겠지요. 그래서 배움이 필요합니다. 아이가 자기 경험에 묶이지 않고 배움을 통해 지식을 얻고 그 지식을 활용할 수 있어야 하지요. 그러려면 내가 모른다는 사실을 인정해야 합니다. 즉 단지 모르는 것만으로는 충분하지 않고 그렇게 자신이 모른다는 사실을 알아야 합니다.

물론 다른 형태의 배움도 있긴 합니다. 가령 엄마가 아이와 함께 공원에 가서 벚꽃도 알려 주고 개미와 조각상도 알려 주는 모습을 떠올려 보지요. 아이는 이제 벚꽃과 개미와 조각상을 알게 되었는데요. 그러면 아이가 이전에는 벚꽃을 몰랐다고 할 수 있을까요? 다소 애매합니다. 공원에 가기 전 아이에겐 벚꽃과 관련된 인지 작용이 없었습니다. "나는 벚꽃을 몰라."라고 생각하지 않았지요. 아이는 벚꽃을 몰랐지만 자기가 모른다는 사실도 몰랐습니다. 그래서 벚꽃을 알고 싶다는 마음이 생기지 않았지요. 여기서 아이가 벚꽃을 알게 된 건 스스로 궁금해서가 아니라 엄마가 가르쳐 주고 싶은 것을 알려 줬기 때문입니다. 배움의 동기가 자기 자신으로부터 나온 것이 아니라 가르쳐 주는 사람으로부터 나온 경우이지요.

물론 어린 시절 아이는 이렇게 엄마가 알려 주고 싶어 하는 것을 잘 배웁니다. 엄마의 인정과 사랑이 중요한 시기이기 때문에 엄마가 원하는 것이 곧 아이가 원하는 것이 되기 쉽지요. 하지만 이건 생애 초기에 해당하고 아이가 계속 그렇게 엄마가 원하는 것에 따라 배움을 이어갈 수는 없습니다. 아이 스스로에게 배우고 싶어 하는 마음이 갖추어져야 하지요.

내가 모르고 있음을 확인하는 일

부모가 아이에게 무언가를 금지한다면 유해한 대상으로부터 보호하기 위해서이지만, 아이를 배움으로 이끌기 위해, 즉 아이에게 무지한 상태를 알려 주기 위해서 일 때도 있습니다. 배움의 기본 조건인 자신이 모른다는 인지를 만들기 위해서인 거죠.

"거기보다 먼 곳은 가면 안 돼. 넌 아직 길을 모르잖아."

"자전거는 아직 안 돼."

"아직 이런 책을 읽지 마. 네겐 너무 어려워."

"아직 혼자서 지하철을 타면 안 돼."

이런 금지가 효과를 발휘하려면 조건이 있는데요. 모르는 상태에 대한 존중이 있어야 한다는 것입니다. 모른다는 것이 비웃음을 사거나 보호받지 못하는 상태가 아니라는 보증이 있어야 하지요. 그래야 아이가 나는 모른다는 사실을 인정할 수 있게 됩니다. 지금 네가 모르더라도 부모가 알고 있으니 괜찮고, 그것을 배우면 너도 할 수 있게 된다는 메시지가 필요합니다. "네가 뭘 할 수 있겠냐." "아직 어려서 아무것도 못 한 다." "모르면 가만히 있어라." 이런 식의 조롱은 아이 로 하여금 자신이 모른다는 상황을 견딜 수 없게 만들 겠지요.

중학생 수영이는 상담에 올 때마다 속상하다고 했 습니다. 똑똑하고 재능 있는 오빠에 비해 자기는 할 줄 아는 게 없어서 답답한데 오빠가 계속 놀리기까지 한 다고요. 자기도 천천히 노력한다면 분명 잘할 수 있는 게 있었을 텐데 아쉽다고 했어요. 사실 오빠가 피아노 를 잘 치는데 그게 멋져서 부러웠고, 자기도 해 보고 싶었다고 해요. 그런데 피아노를 시작하기도 전에 오 빠가 "넌 이거 못하잖아."라면서 놀렸고, 부모도 수영 이한테 별다른 말이 없었지요. 그래서 아예 배우고 싶 다는 말도 못 꺼냈는데 지금 생각하면 후회된다고 했 습니다.

모르는 상태가 존중되려면 아이가 무언가를 하면 안 된다는 말이 그것을 할 능력이 없다는 뜻이 아니라 할 줄 모른다는 뜻으로 전달되어야 합니다. 모른다고 생각하면 배우는 것이 해결책이 될 수 있으니까요. 사실 인간에겐 별다른 능력이 없습니다. 동물처럼 빨리 달리거나 날거나 헤엄치지도 못하지요. 하다못해 걷고 말하는 법도 배워야 할 수 있어요. 그래서 우리가 무엇을 한다면 "나는 그것을 할 수 있다."가 아니라 "나는 그것을 할 줄 안다."라는 표현이 더 적합합니다. 우리는 대부분 지식을 얻어서 무언가에 대해 알고 난 후에야 그것을 할 수 있게 되니까요.

지금 바로 잠자리 분리가 필요한 이유

아이가 최초로 경험하는 금지가 매우 일찍 시작되어야 한다는 점도 중요합니다. 최초의 금지는 몸의 만족에 대한 금지인데요. 금지가 해 본 적 없는 것을 못 하게 하는 것임을 떠올린다면, 이때의 몸의 만족 역시 아직 경험하지 못한 것이겠지요. 구체적으로는 아이에게 성인의 성(性)을 금지하는 일입니다.

아이에게 성인의 성을 어떻게 금지할 수 있을까요? 부모들은 보통 말로 된 금지를 떠올립니다. 성인 전용 영상이나 게임 시청, 어른의 행위를 흉내 내는 것, 친구들에게 외설적인 욕이나 행동을 보이는 것 등을 금지하는 일이죠. 물론 이런 식의 금지가 필요하지만, 더 근본적으로 아이의 생활 자체에 규칙이 도입될 필요가 있습니다.

여기서 다시 한번 앞서 보았던 집의 공간 구분 원칙이 소환됩니다. 아이에게 허용되는 공간과 금지되는 공간의 구분 말입니다. 아이에게 부모 방의 출입이, 특히 밤 시간 동안의 출입이 금지되는 것이지요.

부모 방이 아이에게 금지되어야 한다는 건 일차적으로는 부모, 특히 엄마와 아이가 잠자리를 공유하지 않아야 한다는 의미입니다. 금지의 뜻으로 본다면, 원칙상 아이는 부모와 처음부터 잠을 같이 자지 않아야 한다는 말인데, 실제로 그러기란 쉽지 않지요. 엄마와 아이가 따로 자는 것은 아이가 말을 거의 다 배워서 기억

할 수 있는 시기가 오기 전에 이루어지는 것이 옳습니다. 적어도 아이의 기억에는 엄마와 함께 잔 경험이 없는 편이 바람직하지요. 그래야 일단 경험한 후 대상을 떼어 내는 이별 형식의 분리가 아니라 금지로서 시행될 수 있습니다. 아이가 불안해하고 동의하지 않아서 떨어져 자기 어렵다는 부모가 상당히 많은데 애초에 금지가 이루어지지 못했기 때문은 아닌지 생각해 볼 필요가 있습니다. 적절한 시기부터 떨어져서 잤다면 최소한 아이가 부모와의 잠자리를 그리워하진 않겠지요.

그런데 엄마와 아이, 부모와 아이가 왜 함께 자면 안 되는 것일까요? 아이가 청소년이 된 것도 아니고 여전히 어린 아동일 뿐인데 왜 그래야 하는지 모르겠다면서 문의하는 부모들이 있습니다. 그도 그럴 것이 아이에게 금지되어야 하는 것은 성인의 성인데 왜 엄마와의 접촉을 금지하려고 하느냐고 생각되는 것이지요.

성인의 성을 금지한다는 명목하에 실제로 아이에게 금지되는 건 현재의 엄마인데요. 이것이 필요한 이유는 아이에게 이미 몸의 만족에 대한 경험이 있기 때문입니다. 태어나면서부터 아이는 무엇보다 만족을 즐기는 몸으로 살아왔습니다. 물론 일련의 만족 방식이 분리 작업을 겪기는 했지요. 엄마와 아이 사이에서 만족을 제공하는 대상을 더 이상 공유하지 않는 작업 말입니다. 하지만 아이의 성장 과정에서는 아기 때부터 익숙하게 행해 왔고 여전히 남아 있는 엄마 몸과의 유대, 엄마 품에 안기거나 몸을 만지면서 얻는 따뜻한 존재감과 사랑받는 느낌 같은 것까지 분리해 내야 합니다. 그리고 무엇보다 아이는 몸의 만족에 관해 '나는 모른다'를 이루어 내야 합니다. 아이는 어떻게 해야 몸을 만족시킬 수 있을지 몰라야 하고, 자기가 모른다는 것을 알고 있어야 한다는 뜻이지요. 이렇게 되려면 분리 작업도 그저 즐기던 대상만 포기하는 것이 아니라 그 경험 자체에 대한 기억까지도 상실해야 완수된다고 볼 수 있습니다. 분리와 금지 모두 매우 이른 시기에 이루어져야 한다고 한 것은 이런 이유 때문입니다.

이는 유아기에 몸이 만족을 취하는 방식이 성인이 되었을 때 취해야 하는 방식과 전혀 다르기 때문입니다. 정신분석에서는 유아기 몸의 만족이 엄마가 직접 제공하는 대상을 통해 몸의 특정 부분에서 집중적으로 얻어진다고 봅니다. 성인이 되어 타인을 사랑하고 욕망하며 인간관계를 구축하면서 이루어 내는 몸의 만족과는 전혀 다른 범주에 속합니다.

그런데 만약 유아기적 만족이 중단되지 않고 계속 이어진다면 아이는 유아기 성을 즐기는 상태로 어른이 될 수 있습니다. 따라서 아이는 자기가 이전에 알았던 만족의 경험을 잃어야 합니다. 그래야 몸의 만족과 성에 관해 모른다는 입장이 되겠지요. 성인의 성은 각 개인이 자기 마음대로 자유롭게 몸을 즐길 수 있는 게 아니라 사회적 지식과 상대방과의 소통을 통해 배워서 알아 가야 하는 것입니다. 인간의 성이 사회화되어야 하는 필요성 때문이지요.

아이에게 성性을 가르칠 때

부모의 방이 아이에게 금지되면 집이라는 공동의 공간에 부모의 관계가 이루어지는 다소 은밀한 공간이 상존하게 됩니다. 그곳에서 어떤 일이 어떻게 일어나는지 아이들은 알기 어려워지죠. 이는 아이들에게 앎과 행동에 한계를 설정하면서 불만을 만들어 낼 것 같지만, 다른 한편으로는 부모의 삶을 다 알지 않아도 된다는 데서 오는 평화 또한 제공합니다.

중학생 지호는 자주 싸우는 부모 때문에 항상 맘이 편치 않다고 했습니다. 부모가 주로 거실이나 주방에서 다투는 데다 안방 문도 열어 놓기 때문에 내용을 다 듣게 되어서 더 괴롭다고 했지요. 간혹 아빠가 폭력적인 언사를 할 때면 엄마를 도와주러 자기가 나서야 하는지를 고민하면서 마음이 조마조마하다고 했지요. 부모의 목소리가 너무 커지면 자기가 어떻게 해야 할지 몰라서 괴롭다고 했습니다.

원래는 부모가 아이의 보호자 역할을 맡아야 하지

만, 이런 상황이라면 아이가 부모를 보호해야 한다고 여기면서 방법을 찾기 위해 고통받을 수 있습니다. 어른과 아이의 세계는 종류가 다르고 서로 집중해야 할 영역이 따로 있지요. 가족이라는 이유로 서로의 삶에 심하게 연루되면 마치 파도에 쓸리듯이 한데 엉켜 표류할 수 있습니다. 부모가 싸우는 내용을 아이들이 다 알 필요는 없습니다. 또한 부부의 애정 관계에 관해서도 마찬가지지요. 아이들은 자기가 모르는 무언가가 어른인 부모 사이에 있고 어른이 되면 알게 될 것이라고 생각하며 살아갈 수 있어야 합니다.

아이에게 금지된 부모의 애정 관계, 부모의 성과 관련된 내용은 공간 자체를 분리하여 아이가 보거나 들을 수 없어야 하고, 그 대신 다양한 요소들을 통해 간접적으로, 모호하고 막연하게 접근되어야 합니다.

아이는 유아기 동안 분리 작업을 거치며 사춘기 이전까지 몸의 만족에 관해서는 모르는 상태로 시간을 보내야 합니다. 그 시기를 프로이트는 성과 관련한 활동이 없는 잠복기라고 부릅니다. 아이들은 그보다는 무언가를 알아내고 배우는 지적인 작업에 더 몰두하게 되지요. 그것이 금지된 성인의 성에 대해 알고 싶고 배우고 싶은 마음과 무관하지 않습니다. 이를 단순히 생물학적 차원의 정보나 성적 행동의 양식을 학습하길 원하는 것으로 환원해서는 안 됩니다.

인간의 성은 다양한 변주를 통해 우리의 삶에 광범위하게 들어와 있고, 사회 문화적인 영역과 인간관계에 다각도로 영향을 끼치지요. 단지 생식을 위한 성행위로만 환원할 수 없습니다. 몸과 정신, 욕망과 사랑, 타인과의 관계 등을 포함하고 있고, 삶 전체와 성을 떼어 놓을 수도 없지요. 이처럼 성은 단순하게 다루고 해결할 수 없기 때문에 그에 관한 지식 역시 승화와 은유의 형태로 배우게 됩니다. 신화, 소설, 영화, 미술이나 음악 등의 예술 작품과 활동, 다양한 방식의 인간관계, 사회 문화적인 의미 등을 통해 접근해야 합니다.

유아기의 성이 몸의 만족에 집중되어 있었다면, 성인의 성은 삶의 의미, 타인과의 관계, 세상의 다른 요소들과의 관계 속에 자리 잡아야 합니다. 부모가 아이에게 알려 주는 성도 그런 것이어야 하지요. 성행위를 어떻게 해야 하고, 무엇을 조심해야 하는지 등의 정보라면 부모보다는 외부의 교사나 전문가가 해 주는 편이 좋겠지요. 부모는 한 사람으로서 누군가를 사랑하고 욕망하는 것이 삶을 어떻게 변화시키는지, 어떤 기쁨과 괴로움을 주고 그것이 삶에서 이루고자 하는 다른 일들과는 어떻게 어우러지고 어긋나는지를 이야기해 주어야 합니다. 아이가 앞으로 타인과 함께 이루어 갈 무언가를 꿈꿀 수 있도록요.

9장

엄마가 되어도
포기하지 않아야
하는 것

● 엄마라는 이름에 요구되는 조건들은 여성들에게 많은 부담을 지웁니다. 특히 누구나 직업 세계에서 자신의 꿈을 실현하도록 존중받는 현대 사회에서는 더욱 그렇지요. 아이와의 관계에도 영향을 받는 것 같아 죄책감에 빠지기도 합니다. 엄마가 품은, 한 개인으로서의 욕망과 엄마의 역할은 서로 어떻게 공존할 수 있을까요?

엄마는 여자에게 붙여진 이름 중 하나일 뿐인데도 오랫동안 여자와 동일한 것으로 여겨져 왔습니다. 모성이 여성의 본능이라는 규정을 통해서인데, 이는 기원전 600년경부터 이어져 온 가부장제가 여성의 모든 권리를 제한하고 출산 능력만 강조한 결과지요.

시대가 변하여 이제는 모성이 여성의 본능이라는 주장이 더 이상 객관적인 진리로 통용되지 않습니다. 여기엔 뒤늦게 출현한 정신분석과 페미니즘의 영향이 큽니다. 프로이트는 억눌려 왔던 여성의 욕망을 당사자들로부터 직접 듣기 시작하면서 여성의 사랑과 욕망을 인정하고 탐색하는 길을 열었습니다. 그 전까지 모성을 제외한 여성의 욕망은 중세의 마녀사냥에서도 잘 드러나듯 사악한 것으로 치부되었지요. 또한 페미니즘 이론과 운동이 여성의 참정권을 비롯해 사회 전반에 걸쳐 여성의 자유와 권리를 쟁취해 내면서 여성은 남성과 동등하게 다양한 것을 원하고 가질 수 있게 되었습니다.

모성애라는 신화

모성애는 인류의 본성이 아니라 근대 이후 만들어져 현대가 되어서야 공고해진 개념이지요. 쉽게 말해 옛날 엄마들은 자식을 오늘날처럼 사랑하지 않았어요. 사랑하지 않았을 뿐 아니라 유기나 학대의 행태도 많았습니다.

철학자 엘리자베트 바댕테르는 근대 초기까지 상속자를 제외한 아이들이 늘 유기될 위험에 처해 있었다고 전합니다(『만들어진 모성』, 동녘 2009). 고대 그리스 로

마 시대에는 유아 유기나 살해가 법적으로 용인되었고, 중세에도 버려진 아이들을 위한 보육원이 지어질 정도였지요. 역사학자 필리프 아리에스는 아이들이 개인으로 존중된 건 18세기경부터라고 소개합니다(『아동의 탄생』, 새물결 2003). 게다가 당시에도 아이들은 사랑받는 존재가 아니라 엄격한 훈육의 대상이었어요.

바댕테르에 따르면 가정이 감정을 위로하는 안식처가 된 것은 산업 혁명 이후 전통 가족의 구조가 파괴되고 소비자 단위의 가족이 나타나면서부터입니다. 이와 더불어 다산 능력에만 집중되었던 엄마의 역할에 아이를 향한 관심과 사랑이 추가되었지요. 지금은 모성애를 당연하게 여기지만 이처럼 시대의 변화와 요구에 따라 만들어져 온 것입니다.

한국의 전통 사회 역시 서양의 모성 역사와 크게 다르지 않아요. 가부장제와 유교 질서에 따라 부모는 아이를 엄하게 통제하고 훈육해야 했지요. 가족의 화목과 자녀의 성장에 헌신하는 어머니라는 이상형은 어느 정도 존재했을지언정 모성 자체에 대한 강조는 서

구 문명의 개방과 함께 뒤늦게 정착했습니다.

　모성이 여성의 보편적 속성이 아니라는 사실은 현실에서 다양한 여성의 모습을 통해 확인됩니다. 모든 여자가 엄마가 되기를 바라지도 않고, 모든 엄마가 사회적으로 주어지는 이상적 어머니 역할을 따르지도 않습니다. 물론 현대 사회에서 엄마들은 대부분 아이를 사랑하고 그 아이가 잘 살아가기를 바라야 한다고 생각합니다. 하지만 아이를 사랑하는 방식, 아이가 잘 살아간다는 것의 의미가 모든 엄마에게 동일하진 않지요.

엄마의 트로피가 되는 아이

　여성의 권한이 제대로 인정되기 전까지 엄마는 여자에게 유일하게 허용된 사회적 위상이었습니다. 힘, 지식, 명예 등 사회적 가치를 가질 수 없던 여자가 가족 안에서 아이를 낳아 엄마가 되면 가치가 인정되었지요. 흔히 아이는 트로피가 아니라고 말하지만 실제로는 아이의 주요 역할 중 하나로 부모, 그중에서도 특히 엄마의 지위를 높여 주는 것이 있었음을 부인할 수 없습니다.

지금의 상황은 어떤가요? 이제는 여자가 엄마가 되지 않더라도 사회적인 지위와 가치를 획득할 수 있지요. 하지만 아이와 엄마의 관계를 살펴보면 아이의 트로피 역할이 여전하다는 사실을 확인할 수 있습니다. 어떤 면에서는 외려 예전보다 더 강력해지기도 했지요. 현대 사회에서는 아이를 낳아 기르는 것으로 충분하지 않고, 아이를 '잘' 키워야 합니다. 그런데 무언가를 잘한다는 것을 보여 주려면 비교와 평가가 필요하지요. 엄마가 아이를 잘 키웠다는 것을 증명하려면 아이들이 서로 비교되고 엄마들의 육아법을 견주어야 합니다. 지금은 사회의 모든 역할이 이런 식이지요. 어떤 역할을 해내는 것이 다가 아니라 잘하고 있다는 것을 증명해야 하는데요. 잘한다는 것이 드러나려면 더 잘해야 한다는 게 함정입니다.

초등학생의 엄마인 영지 씨는 아이들을 챙기고 교육

하느라 늘 시간이 모자라는데 막상 아이들은 엄마의 노력과 열정을 몰라줘서 답답하다고 합니다. 두 아이 모두 일곱 살부터 선행 학습 학원에 보냈고 악기며 운동이며 안 가르친 게 없는데 별 성과도 없을뿐더러 그런 혜택을 고마워하지도 않는다는 것이죠. 영지 씨는 자기 노력이 헛수고가 되는 것 같아서 삶이 허무하고 아이들에게 화도 났다고 해요. 영지 씨는 매일 일과를 아이들에게 맞춰 움직이며 아이들을 중심으로 살아갑니다. 현재 삶에서 가장 중요한 건 아이들의 교육이라고 생각하니까요.

우리 사회에는 영지 씨와 유사한 엄마 노릇을 본보기로 삼는 견해가 광범위하게 퍼져 있습니다. 엄마라면 자녀가 가능한 한 좋은 환경에서 살 수 있도록 최대한 지원해야 한다는 논리이지요. 하지만 그런 행보를 이어가다 보면 자녀의 성과와 부모의 위상이 점점 더 혼동됩니다. 실제로 아이들이 무엇을 원하고 할 수 있는지에 관심을 기울이기보다 사회에서 인정받을 만한 성과를 최대한 끌어낼 방법을 찾아 동분서주하게 되는 것이지요. 자녀가 대학 입시, 취업 등에서 이루는 성공은 물론이고, 어릴 때 보이는 재능이나 외모, 성격까지도 부모의 자랑거리가 되는 모습을 주변에서 쉽게 찾아볼 수 있어요. 자녀가 얼마나 뛰어난지에 따라 부모는 사람들 앞에서 당당해지기도 하고 주눅이 들기도 합니다.

부모의 이런 면모가 잘 드러났던 한 청년 내담자의 이야기가 떠오르는데요. 그 청년은 부모가 좋은 학벌이나 직업을 강조하면서 압박한 적이 없었기 때문에 그런 것을 중요하게 여기지 않는다고 생각했다고 해요. 그런데 삼수 끝에 명문대에 입학하고 나니 부모가 진심으로 기뻐하면서 친척과 친구들에게 자랑하러 다닌다는 거였어요. 생각해 보니 부모는 자기가 입시 때문에 고생할 땐 별 관심이 없었고 이전엔 자기 자랑을 한적도 없었다면서 이상하게 눈물이 난다고 했습니다.

엄마도 결핍이 있다

사람들은 자기 자신만으로 완전하지 않습니다. 다른 무언가로 자신을 채워야 하지요. 그렇게 채우고 나서도 완전해지지 않아요. 만약 스스로를 완전하다고 느낀다면 나르시시즘적 태도라고 봅니다. 대부분의 사람들은 어떻게 해도 완전해지지 않습니다. 늘 부족함이 있지요. 그래서 채움의 과정이 끝없이 이어집니다. 사람들은 무언가를 계속 찾고 소유하고 활용하고 만들어 가면서 살아갑니다. 앞서 우리는 아이가 삶을 그렇게 해석해야 한다는 사실을 확인하기도 했지요. 몸의 자극이나 반응을 무언가의 결핍으로 해석한 후, 그 결핍을 해결할 수 있는 방법을 외부에서 찾는 것. 삶은 결국 이를 반복하는 것이라고 볼 수 있습니다.

영지 씨는 자신의 결핍을 아이들의 공부나 성취로 채우려고 했지요. 아이들이 공부를 잘하거나 악기 연주를 잘하면 자기 자신도 충만해질 수 있을 거라 믿었습니다. 엄마가 아이들에게 흔히 하는 "네가 필요해."

"네가 내 삶에 기쁨이야." "너 때문에 행복하다." 등의 말도 아이가 자신을 채운다는 의미입니다.

아이는 부모가 자신을 필요로 하거나 자기 덕분에 행복하다면 같이 기뻐할 겁니다. 엄마가 아이의 성취를 원하는 것도 당연한 반응일 테고요. 자기에게 아무것도 바라는 게 없다면 아이는 오히려 실망하며 풀이 죽을 수 있겠지요. "우리는 네게 바라는 게 없어. 네가 하고 싶은 대로 해!"라는 말은 언뜻 아이의 자유와 선택을 존중하는 말 같지만 부모가 아이에게 아무 기대를 품지 않는다는 뜻도 되지요. 아이는 부모가 자기를 믿지 못하거나 필요로 하지 않는다고 느낄 수 있습니다.

그런데 엄마가 아이를 통해 결핍을 채울 때 유의해야 할 것이 있습니다. 영지 씨처럼 아이들의 성과를 자기 것처럼 기뻐하면서 트로피로 삼는다면 몇 가지 의도치 않은 결과가 생길 수 있습니다.

첫째, 공부로 예를 들면 아이가 자기 일로 여기면서 해 나가야 하는 공부가 엄마가 원하는 바를 이루는 일로 받아들여집니다. 엄마가 원한다는 게 동기가 될 수는 있지만, 공부를 하는 동안은 아이가 원하는 일, 아이의 일이 되어야 하는데 말이에요.

둘째, 엄마가 아이들의 성과에 직접 영향을 받으면서 기뻐하고 실망한다면 말 그대로 그 성과를 자기 것으로 삼으면서 빼앗아 오게 됩니다. 엄마가 성적이 오른 것, 달리기를 잘한 것, 그림을 잘 그린 것, 영어 노래를 부른 것을 좋아한다면, 아이는 엄마의 바람을 목표로 하게 되고 자신의 성과를 엄마에게 바치는 셈이 됩니다.

"달리기를 잘하면 엄마가 좋아하니까 잘해야지."

셋째, 아이가 자기의 성과를 엄마에게 바치고 나면 막상 자신의 결핍은 메우지 못하게 됩니다. 공부를 많이 해도, 피아노를 많이 연주해도 아이는 자신이 해냈다는 생각이 들지 않을 수 있습니다. 또는 앞서 본 청년 내담자처럼 부모가 기뻐하는 모습을 보며 자신은 그 일에서 소외된 사람 같은 기분을 느끼기도 하죠. 객관적으로 보면 분명 무언가를 했는데 "난 아무것도 한

게 없어요."라고 말하는 아동·청소년들의 예가 꽤 많습니다.

엄마가 아이를 통해 결핍을 채우기도 한다면, 그것은 말 그대로 '아이를 통해' 이루어져야 합니다. 아이가 한 것, 아이가 가지고 있는 것을 통해서가 아니고요. "네가 키가 커서 기뻐."가 아니라 "네가 있어서 기뻐."인 것이지요.

나아가 성과를 아이에게 돌려주고, 그로부터 만족을 얻은 아이가 활동을 이어갈 수 있게 돕는 것이 엄마가 아이를 통해 만족을 얻는 방식이 되어야 합니다.

"네가 달리기 잘한 걸 자랑스러워하니까 나도 네가 자랑스럽다."

"네가 공부를 잘해서 좋아하니까 나도 좋아."

아이가 먼저 만족하고, 엄마는 이후에 그렇게 만족한 아이를 보면서 만족하는 겁니다.

엄마의 시선이 다른 곳을 향하려면

아이가 있어서 기쁘고, 아이가 스스로 이뤄 낸 성과에 만족하는 모습을 보면서 만족하는 것은 단지 아이를 통한 결핍 채우기는 아닙니다. 사실 그것은 사랑입니다. 자신의 부족함을 외부의 다른 대상으로 채우는 욕망이 아니라, 내 앞에 있는 그대로의 존재를 받아들이고 기뻐하고 지지해 주는 사랑이지요.

엄마가 아이를 이렇게 사랑할 수 있으려면 엄마의 결핍을 채워 주는 다른 것이 있어야 합니다. 그래야 엄마가 아이 것을 빼앗아 오지 않을 수 있겠지요. 엄마의 바람이 다른 곳을 향해야 하고, 그와 더불어 실제로 만족이나 성과를 이뤄 내는 다른 것이 있어야 합니다. 직업이나 취미처럼 지속적으로 자신의 것을 쌓아 갈 수 있는 영역이 엄마에게도 필요합니다.

하지만 엄마들이 아이 이외에 다른 욕망의 대상을 가지기 쉽지 않은 게 현실입니다. 다양한 이유가 있겠지만 그중 가장 큰 이유는 우선 자녀 양육과 교육에 대한 책임이 엄마들에게 과도하게 할당되어 있기 때문입니다. 아이들이 현재의 일상을 살아가고 동시에 사회적인 규칙과 질서의 틀 안에서 지적 활동과 인간관계를 배우는 성장을 이뤄 내려면 엄마 한 사람의 고군분투만으로는 역부족이지요. 아빠를 포함한 가족, 그리고 가족 밖의 다른 사회의 도움과 지지가 절대적으로 필요합니다.

앞에서 집의 권위를 이야기했던 것도, 아이가 사회의 구성원다운 면모를 갖추도록 노력하는 과정에서 겪어야 할 많은 어려움이 있기 때문이었습니다. 집의 규칙을 온 가족이 함께 따르면서 아이에게 기초적인 훈육을 실행하는 이유는 이후에 그 권위를 사회적인 장소, 가령 학교라는 장소에 이양하기 위해서입니다. 아이가 어린이집과 유치원에 가면 권위는 그곳으로, 학교에 가면 학교로 이동해야 합니다. 이후 부모는 학교의 권위가 지켜질 수 있도록 지지하는 역할을 하면 되는 것이지요. 엄마가 아이의 성장을 홀로 책임질 수 없다는 것을 엄마 본인과 가족, 그리고 우리 사회가 함께 분명하게 인식해야 합니다.

엄마가 된 이후 원하는 직장에 취업하거나 휴직했던 직장으로 돌아가기 힘든 사회적인 상황도 존재합니다. 직장이 아니라면 사회 문화적인 의미를 만들어 낼 수 있는 다른 활동이 보장되어야 하는데, 그 또한 사회적으로 계발되어야 할 과제로 여겨지지 않고 개인의 능력이나 취향에 달린 일처럼 치부되고 있지요.

때로는 매우 가혹하게 전개되는 이런 상황으로 인해 몇 가지 일어나지 않아야 하는 일들이 발생하고 있는데, 그중 으뜸은 단연코 청년들의 출산 거부입니다. 아이를 낳는 것이 부모로서 아이와 함께 살아가며 경험할 수 있는 삶의 풍요로움으로 다가오는 것이 아니라 자신의 다양한 가능성을 실행하지 못하게 막아 버리는 일종의 재난처럼 여겨지고 있습니다.

사실 출산과 양육은 엄마 아빠라는 각 개인 혹은 한 가족만 관련된 일이 아니라 사회 전체와 관련된 사안입니다. 하지만 아직까지는 사회 시스템 차원에서 근본적인 해법을 찾는 접근이 제대로 이루어지지 않는 실정이지요. 게다가 그런 현실의 결과를 힘겹게 겪고 있는 부모 세대의 모습을 자녀들이 가까이서 목격하고 있습니다. 결국 사회적인 차원에 원인이 있는 어려움을 각 개인이 자신의 환경이나 심리적인 문제로 환원하여 혼자서 끌어안고 괴로워하고 있는 것이지요. 본인이나 주변 사람들, 대표적으로는 가족 중 한 사람을 비난하면서요.

초등학생 남매를 키우는 엄마인 연우 씨는 전에 일러스트레이터로 일하다가 둘째 아이를 낳으면서 일을 완전히 그만두었다고 합니다. 일을 다시 시작하고 싶지만 현실적으로 불가능하다고 여겨 포기했지요. 지금은 사는 게 별 의미도 없이 느껴지는 데다가 아이들이 속을 썩여서 괴로운데, 남편은 시종일관 무관심한 태도를 보이니까 화가 난다고 했습니다. 연우 씨가 원하는 일을 하고 그것을 통해 삶의 의미와 가치를 만들어낼 수 있었을 때는 남편에게 나쁜 감정이 없었습니다. 그런데 그렇지 못한 상황이 되자 남편이 삶의 방해꾼처럼 여겨졌습니다.

연우 씨는 일러스트 작업을 못 하게 된 것이 어릴 때부터 그림을 그리면서 꿈꿔 왔던 자신의 역사를 잃은 것 같아서 괴로웠습니다. 일러스트레이터라는 직함을 얻은 후 아버지가 했던 "네가 할 줄 아는 게 뭐냐."라는 비난의 상처를 잊을 수 있었고, 자신이 무언가를 할 수 있는 사람이라고 생각하게 되었지요.

연우 씨는 이중 삼중의 고통을 당하는 중입니다. 아이들을 키우느라 하고 싶은 일을 못 해서 괴로운데, 그런 생각이 들면 아이들 역시 자기 삶의 방해물처럼 여겨지지요. 그리고 그런 상태로 아이들을 제대로 챙기지 못하는 것 같아 더 괴로워지고 아이들을 방해물로 여기는 자신이 나쁜 엄마라는 생각이 들어 죄책감마저 듭니다. 하지만 괴로운 생각을 쉽게 떨구고 아이들에게 좋은 엄마가 되기는 어려운 일이라고 했습니다. 자신이 정말로 무엇을 원하는지도 분명치 않기 때문에 마치 형벌 같은 고통이 돌고 돌 뿐이라고 합니다.

여기서 우린 역설적으로 아이를 낳아 기른다고 해서 모든 엄마가 아이를 통해 삶을 채우려고 하지는 않는다는 점을 보게 됩니다. 연우 씨에겐 일러스트 작업이 삶에 활기를 주는 원동력이었고, 작업을 할 수 없자 생기를 잃게 되었습니다. 연우 씨는 남편이나 아이들에 대한 사랑으로도 그 빈자리를 메우기 어려웠지요.

사회가 지켜 주어야 하는 사랑

전통 사회에서는 여자들이 엄마가 되는 것을 당연하게 받아들였습니다. 좀 더 명확히 말하자면 당연하게 받아들이도록 강제되었지요. 사회가 여자의 욕망이 실현되는 방식을 모두 막아 놓고 한 길만 열어 놓은 상황에서 순응을 강요한 것이지요.

이제 원칙적으로는 모든 사람이 모든 것을 할 수 있다고 여겨지는 사회가 되었기에 여자들의 욕망 역시 다양한 길로 향하고 있습니다. 그런데 문제는 지금까지 사회가 엄마로서의 욕망을 마치 다른 직업이나 취미를 통해 이룰 수 있는 성과나 만족, 결핍 채우기와 동일한 차원으로 간주해 왔다는 것입니다. 쉽게 말해 엄마가 되는 일을 직업을 얻는 일과 동일하게 여겼다는 것이지요. 그래서 엄마가 되면 직업이나 취미 활동, 인간관계와 사회관계를 통해 이뤄 낼 수 있는 성과를 포기해도 된다는 식의 분위기를 만들었지요.

그로 인해 엄마들은 직업을 잃은 상실감으로 괴로워하거나, 아이 때문에 포기했다고 여겨지는 사회적 성과를 아이로부터 되돌려받기 위해 아이의 삶을 붙들고 놓아주지 않는, 두 가지 극단에 내몰리며 고통을 당합니다. 때로는 가족 전체의 고통으로 확대되어 손대기 어려운 갈등 상황을 만들어 내기도 하지요.

오인하지 말아야 할 것은 다양한 사회적 욕망들과 아이를 낳아 키우는 엄마의 욕망은 같은 범주에 들어갈 수 없다는 사실입니다. 앞서 언급했듯이 엄마가 아이를 욕망의 대상으로 삼는 것이 아니라 사랑의 존재로 받아들여야 하기 때문입니다. 엄마는 육아를 통해 자기만족을 채우는 게 아니라 아이를 사랑하기 위해 노력해야 합니다. 그래야 아이가 제대로 교육받고 성장하여 사회의 일원이 될 수 있습니다.

따라서 엄마가 육아를 위해 유보하거나 포기한 자기 욕망의 실현, 결핍 채우기, 다시 말해 만족의 경험은 반드시 다른 형태의 욕망을 통해 이루어져야 합니다. 이는 엄마를 위해서이기도 하지만 아이들을 위해 필수적인 일이지요. 이를 실행하려면 온 가족이 함께 노력해야 하지만, 사실 이는 부차적입니다. 사회적인 차원의 더 큰 노력이 필요합니다. 자신의 다른 욕망과 자녀를 키우는 일이 어우러지지 않으면서 엄마들의 불만과 괴로움, 상실감과 죄책감이 커지는 이 상황에 대해 엄마들 각자가 본인이나 주변 가족을 탓하기보다, 가족과 함께, 다른 엄마들과 함께 사회적 차원에서의 해법을 강력하게 요구할 수 있어야 합니다. 그리고 이를 위해서 다양한 사회관계 연결을 통해 대책이 강구되도록 지속적인 도움이 지원되어야 할 것입니다.

어떤 엄마가 되고 싶나요?

많은 엄마들이 좋은 엄마가 되고 싶다고 말합니다. 엄마들만 그런 건 아니겠지요. 어떤 자리를 맡으면 우리는 대개 그 자리에 합당한 사람이 되고 싶어 합니다. 그런 바람을 무난하게 표현한 말이 '좋은 엄마'일 텐데요. 이때의 '좋다'는 역할을 잘 수행해서 인정받는다는 의미입니다. 요리사가 맛있는 요리로 손님에게 인정받고, 의사가 치료를 잘해서 환자에게 인정받듯이요.

하지만 그리 간단한 문제는 아닙니다. 가령 맛있는 요리로 명성이 자자한 요리사가 손님의 건강을 해친다면 좋은 요리사라고 할 수 있을까요? 여기서 "맛과 건강 중 무엇을 선택할 것인가?" 혹은 "손님의 구미에 맞출 것인가, 자신의 신조를 지킬 것인가?"라는 식의 질문이 제기됩니다. 결국 선택과 책임의 문제와도 연루되지요.

그런데 건강보다 맛있는 요리를 원하는 손님이라면 그런 요리를 해 주는 식당에 갈 자유가 있지 않나요? 한 동네에도 여러 식당이 즐비한 오늘날 요리사는 요리사대로, 손님은 손님대로 원하는 것을 선택하고 그 범위 안에서 책임지게 되어 있습니다.

엄마라면 어떨까요? 아이에게 엄마는 세상에 한 명뿐이고 선택의 여지란 없습니다. 아이가 엄마의 영향을 피할 수 없는 상황에서 엄마는 좋은 엄마의 기준을 어떻게 잡아야 할까요?

여기서 라캉이 말하는 '분석가로서의 욕망'이라는 개념을 참조할 수 있겠네요. 내담자는 정신분석가에게 자신의 문제를 풀 열쇠를 달라고 요구하며 자기 이야기를 꺼내 놓습니다. 라캉은 이때 정신분석가가 분석가로서의 욕망을 지켜야 한다고 합니다. 정신분석가로서 내담자가 자기 존재와 삶의 진리를 찾기를 바라는 것이 분석가로서의 욕망이라고 하는데요. 이는 '좋은 분석가가 되고자 하는 욕망'과 대비됩니다. 좋은 분석가가 되고자 하는 것은 정신분석가라는 직업과 관련된 욕망이기보다 사적인 욕망에 해당하지요. 실력 있는 분석가로서 사람들에게 인정과 사랑을 받고 싶은 것입니다.

우리는 한 사람이 사회적 명명을 받아들일 때 자기 존재를 잃지 않아야 한다고 했습니다. 어떤 직업이나 역할에 종사하면서 나 자신을 지키지 못한다면 한탄스러운 일이 될 겁니다. 그런데 직업의 소명과 나 자신의 문제가 부딪힐 때가 있습니다. 그럴 때는 무엇을 선택해야 할까요? 이때 자신을 내려놓고 직업의 소명을 지키는 사람들이 있습니다. 직업인으로서 원칙을 지키기 위해 개인적인 사안을 뒤로 밀어내는 것이지요.

우리도 '엄마로서의 욕망'과 '좋은 엄마가 되려는 욕망'을 구분할 수 있습니다. 좋은 엄마가 되려는 욕망은 아이를 잘 키우는 능력 있는 엄마가 되고자 하는 마음이겠지요. 아이나 타인들에게 인정받는 엄마가 되는 것입니다. 물론 이런 욕망이 그 자체로 나쁜 것은 아니지만, 좋은 엄마가 되려는 목표가 앞서 아이보다 자신의 위신이 더 중요해지는 일은 경계해야 합니다. 아이에게 사랑받는 엄마가 되기 위해 아이를 자유롭게 놔둘 수도 있겠지요. 하지만 아이가 원하는 것을 하게 두는 것이 항상 아이를 위한 선택이 되진 않습니다. 때로는 아이가 질 수 없는 책임을 대신 지기 위해 아이의 자유를 제한하여 원망을 사는 일을 감수하는 선택이 옳을 수도 있지요.

'엄마로서의 욕망'은 엄마의 소명과 관련되어 있습니다. 엄마로서 아이가 아이 스스로 욕망을 실현하며 살아가기를 바라는 것이지요.

"아이가 좋아하는 것은 무엇일까?"

"우리 아이는 뭘 하면서 보람을 느낄까?"

"아이가 자신 있어 하는 것은 무엇일까?"

"아이가 두려워서 피하고 싶은 것은 무엇일까?"

엄마는 아이가 얻고자 하는 것, 이루고 싶은 것, 놓쳐서 아쉬운 것 등에 관해 아이 스스로 질문하고 그에 대한 답을 천천히 독창적으로 찾아 나가길 바랄 수 있습니다. 다른 사람이 아닌 엄마이기 때문에 아이 편에 서서 아이에게 무엇이 필요한지 관심을 둘 수 있지요. 사랑을 돌려받기를 원하지 않고 아이가 스스로 삶의 길을 새롭게 열기를 원하는 것, 손잡고 걸어가 주기보다 아이가 한 걸음 한 걸음 계속 내디딜 수 있기를 바라는 것. 그것이 바로 엄마로서의 욕망이고 달리 말해 아이에게 주는 사랑이라고 하겠습니다.

사랑은 늘 사랑하는 사람의 선언과 함께 시작됩니다.

"나는 너를 사랑할 거야."

그러나 사랑받는 사람은 그것이 사랑인지 잘 알지 못하지요. 그래서 간혹 직접 물어보기도 해요.

"당신은 나를 사랑하나요?"

하지만 어떤 답을 얻어도 그것이 사랑인지 온전히 알기는 어렵습니다. 사랑이 이루어지는 건 지금이라도, 그 사랑을 알게 되는 건 훗날일 때가 있지요. 사랑이 이미 과거가 되어 사랑했던 시간, 사랑받았던 시간을 기억하면서 비로소 "아, 사랑이었구나!"라고 깨닫는 겁니다.

그래서 누군가를 사랑할 땐 "나는 너를 사랑할 거야."라는 선언과 함께 "나는 너의 과거가 될 거야."라는 각오도 해야 합니다. 어떤 사랑은 과거가 된 후에 밝혀져야 더 가치로울 수 있지요. "내가 지금 이렇게 너를 사랑하고 있잖아!"를 보여 주고 외친다면 그 사람을 위한 사랑, 지켜 주는 사랑이라기보다 사랑을 위한 사랑, 사랑을 즐기기 위한 사랑이 되기도 하니까요.

그저 '엄마의 아이'일 뿐이었던 작은 아이가 자라서 "당신이 나의 엄마예요."라며 엄마의 존재를 확인한다면 아이가 과거의 엄마를 돌아보며 "엄마가 나를 사랑했구나."라고 깨달았다는 뜻입니다. 엄마는 아이를 사랑하지만 계속 곁에서 아이를 지켜 줄 수는 없습니다. 엄마가 할 수 있는 일이 있다면 아이가 엄마를 필요로 하는 시기에 엄마의 사랑을 실행하여 시간이 흐른 미래의 어느 날, 엄마가 곁에 없어도 "엄마가 나를 사랑했구나." "당신이 내 엄마였구나."를 아이가 믿고 확인할 수 있게 해 주는 것입니다. 그렇게 과거가 된 엄마의 사랑은 아이의 미래를 함께하게 되지요.